青少年心理自助文库

气质丛书

做人

俯首甘为孺子牛

蒿泽阳/著

我们看的是人生大目标，
不计较眼前的小利益。
人们不是听你说什么，而是看你做什么。

中国出版集团　现代出版社

图书在版编目（CIP）数据

做人：俯首甘为孺子牛／蒿泽阳著. —北京：现代出版社，2013.11
（青少年心理自助文库）

ISBN 978-7-5143-1853-1

Ⅰ. ①做… Ⅱ. ①蒿… Ⅲ. ①人生哲学 – 青年读物
②人生哲学 – 少年读物 Ⅳ. ①B821 – 49

中国版本图书馆 CIP 数据核字（2013）第 273477 号

作 者	蒿泽阳
责任编辑	肖云峰
出版发行	现代出版社
通讯地址	北京市安定门外安华里 504 号
邮政编码	100011
电 话	010 – 64267325 64245264（传真）
网 址	www.1980xd.com
电子邮箱	xiandai@cnpitc.com.cn
印 刷	北京中振源印务有限公司
开 本	710mm×1000mm 1/16
印 张	14
版 次	2019 年 4 月第 2 版 2019 年 4 月第 1 次印刷
书 号	ISBN 978-7-5143-1853-1
定 价	39.80 元

P 前 言
REFACE

为什么当今一部分青少年拥有幸福的生活却依然感觉不幸福、不快乐?又怎样才能彻底摆脱日复一日的身心疲惫?怎样才能活得更真实、更快乐?我们越是在喧嚣和困惑的环境中无所适从,越是觉得快乐和宁静是何等的难能可贵。其实,正所谓"心安处即自由乡",善于调节内心是一种拯救自我的能力。当我们能够对自我有清醒的认识,对他人能宽容友善,对生活无限热爱的时候,一个拥有强大心灵力量的你将会更加自信而乐观地面对一切。

青少年是国家的未来和希望。对于青少年的心理健康教育,直接关系到其未来能否健康成长,承担起建设和谐社会的重任。作为家庭、学校和社会,不仅要重视文化专业知识的教育,还要注重培养青少年健康的心态和良好的心理素质,从改进教育方法上来真正关心、爱护和尊重青少年。如何正确引导青少年走向健康的心理状态,是家庭、学校和社会的共同责任。心理自助能够帮助青少年解决心理问题、获得自我成长,最重要之处在于它能够激发青少年自觉进行自我探索的精神取向。自我探索是对自身的心理状态、思维方式、情绪反应和性格能力等方面的深入觉察。很多科学研究发现,这种觉察和了解本身对于心理问题就具有治疗的作用。此外,通过自我探索,青少年能够看到自己的问题所在,明确在哪些方面需要改善,从而"对症下药"。

目标反映人们对美好未来的向往和追求。目标是一个人力量的源泉、精神上的支柱。一个国家、一个民族如果没有远大的、被大多数人信仰的共同目标,就会形同一盘散沙。没有凝聚力、向心力,哪里还谈得上国家的强盛、民族的振兴？一个人如果没有目标，就会失去精神动力，不可能成为高素质的优秀人才。

理想是人生的阳光，希望是人生的土壤。目标与方向就是选定优良种子与所需成长的营养，明确执行的目标，让一个个奋斗目标成为你成功道路上的里程碑，分秒必争地尽快把一个个目标变成现实。再苦再难也要勇敢前进，把握现在就能创造美好未来！

一个没有方向的人，就如同驶入大海的孤舟，不知道自己走向何方，其前景不容乐观。而有方向的人，就如同黑夜中找到了一盏导航灯。方向是激发一个人前进的动力，也是一个人行动的指针。有方向的人能为美好的结果而努力，而没有方向的人只会在原地踏步，一生也只会碌碌无为。迷茫一族应早日做好自己的人生规划，心中有方向，努力才有目标，人生之路才会风光无限。否则，在没有方向的区域里绕来绕去，最终只会走出一条曲线，或绕了一个圆圈又绕回原点。拥有规划，但还要拥有恒心，即使在艰难险阻下，也要朝着自己设定的方向锲而不舍地前行，切不可半途而废，白白浪费自己的时间。

本丛书从心理问题的普遍性着手，分别记述了性格、情绪、压力、意志、人际交往、异常行为等方面容易出现的一些心理问题，并提出了具体实用的应对策略，以帮助青少年读者驱散心灵的阴霾，科学地调适身心，实现心理自助。

本丛书是你化解烦恼的心灵修养课，是给你增加快乐的心理自助术；本丛书会让你认识到：掌控心理，方能掌控世界；改变自己，才能改变一切；只有实现积极的心理自助，才能收获快乐的人生。

做人——俯首甘为孺子牛

C目 录
ONTENTS

做人——俯首甘为孺子牛

第十二篇　自制：退一步海阔天空

做人——
俯首甘为孺子牛

第一篇　　奉献：俯首甘为孺子牛

　　奉献是人生天平上最重的砝码。

　　一个人的人生价值的体现，不在于其地位多高、权力多大、财富多广，不在于高低贵贱，而在于你为社会、为民族付出的爱心，做出的奉献。可以说，奉献精神就是人生天平上最重的砝码，是人世间最宝贵的财富。一个人生活在世上，渺小得如同大海里的一滴水，但只要有对社会、对国家、对民族奉献的意识和行功，真心真意地付出，即使是一滴水，也能折射出太阳的光辉，成为最美丽的风景。奉献是一种养分，为我们孕育快乐。奉献有时是一种声音，一种简单的隐喻了爱在传递的声音。

奉献着并快乐着

给予比接受更快乐——《圣经》

曾经有人采访奥斯特洛夫斯基："难道你这一次也没有想到自己失去了幸福，没有想到永远不能看东西、不能走路，而感到失望吗？"奥斯特洛夫斯基却说："幸福是多方面的。我很幸福。创作产生了无比惊人的快乐，而我感觉出自己的手也在为我们大家共同创造的美丽楼房——社会主义——砌着砖块，这样，我个人的悲痛便被排除了。"

由此看来，幸福大厦的基石，不仅仅是物质生活的满足，还有更重要的精神——对人类的无私奉献的满足。

有一天，辛格和一个旅伴穿越高高的喜马拉雅山脉的某个山口，他们看到一个躺在雪地上的人。辛格想停下来帮助那个人，但他的同伴说："如果我们带上他这个累赘，我们就会丢掉自己的命。"但辛格不能想象丢下这个人，让他死在冰天雪地之中的情景，于是他决定带这个人一起走。

当他的旅伴跟他告别时，辛格把那个人抱起来，放在自己背上。他使尽力气背着这个人往前走。渐渐地，辛格的体温使这个冻僵的身躯温暖起来，那人活过来了。过了不久，那个人恢复了行动能力，于是两个人并肩前进。当他们赶上那个旅伴时，却发现他死了——是冻死的。原来，辛格背着人走路加大了运动量，保持了自身的体温，和那个人一起抵御了寒冷。

给别人一份温暖，自己也将得到回馈

人生的意义到底是什么？怎样活着才算有意义？活着为自己还是活着为他人？这是每个人都要考虑的问题。"只要人人都献出一点爱，世界将变成美好的人间。"一曲《爱的奉献》之所以能久唱不衰，是因为它唱出了大家共同的心声。奉献与索取是矛盾的，一心索取的人，贪欲永远得不到满足，再者，没有别人的奉献，自己又能索取什么呢？

奉献是不计报酬的给予，是"有一分热发一分光"，是"我为人人"。奉献者付出的是青春，是汗水，是热情，是一种无私的爱心，甚至是无价的生命。因为有人奉献，社会的物质财富和精神财富才会不断增加，人类才会不断前进。奉献者收获的是一种幸福，一种崇高的情感，是他人的尊敬与爱戴，是自己生命的延长。简单地说，"奉献"指满怀感情地为他人服务，做出贡献，是不计回报的无偿服务。

回顾历史上所有奉献人生价值的人，他们为人类积累的财富有些是取之不尽用之不竭的。

杜甫一生虽然坎坷，却还有**"安得广厦千万间，大庇天下寒士俱欢颜"**的奉献精神，终为后人所传颂。

范仲淹远离朝廷仍不忘**"先天下之忧而忧，后天下之乐而乐"**的奉献精神，始有文正公之美名。

"人的生命是有限的，可是，为人民服务是无限的，我要把有限的生命，投入到无限的为人民服务之中去。"这句朴实的话已经成为雷锋奉献精神供后人学习。

当然这并不是伟人才有的专利。

王国明身为普通的年轻班主任，汶川地震时他不顾自身安危指挥学生从前后门逃生。房屋垮塌的一瞬间他一个箭步冲上去将还没逃出去的女学生推了出去，而自己却永远留在了他的教室。虽然他为了孩子而不在人世了，但是他的幸福却永远地留了下来，成为孩子们一辈子的幸福。

做人——俯首甘为孺子牛

李春燕，27岁，是贵州从江县大塘村乡村医生。三年前李春燕卫校毕业后嫁给了大塘村一个苗族青年成为一名乡村卫生员并且在自己家里开设了一间卫生室。

大塘村是一个苗族村寨，只有她一个乡村卫生员，有2500多名苗族村民，生活极其贫穷。人们向来缺医少药，过去，村里没有医生，得病了，除了苦熬，就是请巫师驱鬼辟邪，或是用'土办法'自己治疗，死了，谁也不知道是啥原因。现在，大家已经逐渐习惯了生病去李春燕那儿打针吃药，有了初步的医疗保障。

李春燕，严格地讲不能称作医生，只能叫作"卫生员"，因为她没有编制，不享受国家的工资和其他待遇。由于工作环境差、入不敷出，我国的大部分乡村卫生员已改行或外出打工去了。李春燕也遇到过相同的问题，乡亲们来看病，没有钱付药费，只能记账赊欠。2004年年初，一直赔本经营卫生室的李春燕决定关掉卫生室，和丈夫一道去广东打工。当他们正准备出门的时候，闻讯而来的乡亲们正好赶到。村民们掏出皱巴巴的一元、两元钱递给李春燕："李医生你走了，我们可怎么办？这是我们还你的账，不够的我们明天把家里的米卖了，给你补上。"李春燕于是没有离开。这是李春燕留在这艰苦的地方做乡村医生以来唯一想放弃的一次。

她是一位医生，虽然她从来没有机会穿上白大褂，甚至被人在医生的前面还要加上赤脚两个字；她是一名医生，但是不像很多医生那样，不愁自己的衣食，她一个月也许能收入600多块钱，但是买药以及买相关的一些东西却要花去900多块钱，亏空300多，欠债也就越来越多；她是一名医生，自然被患者所需要，但是跟其他的医生比她的患者似乎更加需要她，这该是一名怎样的医生？

李春燕，她是大山里最后的赤脚医生，提着篮子在田垄里行医。一间四壁透风的竹楼，成了天下最温暖的医院；一副瘦弱的肩膀，担负起十里八乡的健康。她不是迁徙的候鸟，她是照亮苗家温暖的月亮。她没有任何编制，不享受国家工资和待遇，但她却坚持入不敷出地肩负起全村2500多人的健康和生老病死。她后来在接受新闻记者采访时脸上洋溢的那种幸福的表情诠释了奉献这种幸福是如此沁人心扉。

奉献者的收获是一种幸福，一种崇高的情感，是他人的尊敬与爱戴，是

自己生命的延续。人所能得到的最大幸福、最自由快乐的心境，莫过于无私的奉献。修炼无私奉献精神吧，它是幸福的源泉！

让我们作为奉献者奉献出我们的所有，追求着"心灵丰富"的永恒的幸福。

心灵悄悄话

奉献是不计报酬的给予，是"有一分热放一分光"，是"我为人人"。奉献者付出的是青春，是汗水，是热情，是一种无私的爱心，甚至是无价的生命。因为有人奉献，社会的物质财富和精神财富才会不断增加，人类才会不断前进。奉献者收获的是一种幸福，一种崇高的情感，是他人的尊敬与爱戴，是自己生命的延长。简单地说，"奉献"指满怀感情地为他人服务，做出贡献，是不计回报的无偿服务。

哪里有奉献哪里就是天堂

有一个人被带去观赏天堂和地狱，以便比较之后能聪明地选择他的归宿。他先去看了魔鬼掌管的地狱。第一眼看去令人十分吃惊，因为所有的人都坐在酒桌旁，桌上摆满了各种佳肴，包括肉、水果、蔬菜。

然而，当他仔细看那些人时，他发现没有一张笑脸，也没有伴随盛宴的音乐或狂欢的迹象。坐在桌子旁边的人看起来沉闷，无精打采，而且皮包骨头。这个人发现那些人每人的左臂都捆着一把叉，右臂捆着一把刀，刀和叉都有4尺长的把手，却不能用来吃饭。所以即使每一样食品都在他们手边，结果还是吃不到，一直在挨饿。

然后他又去天堂，景象完全一样：同样的食物和那些带有4尺长把手的刀、叉，然而，天堂里的居民却都在唱歌、欢笑。这位参观者困惑了一下。他怀疑为什么情况相同，结果却如此不同。在地狱的人都挨饿，而且可怜，可是在天堂的人吃得很好，而且很快乐。

最后，他终于得到了答案：地狱里的每一个人都试图喂自己，可是一刀一叉以及4尺长的把手根本不可能吃到东西；天堂里的每一个人都是喂对面的人，而且也被对面的人所喂，因为互相帮助，结果帮助了自己。

这个故事告诉我们人人都具有奉献精神的地方，那里就是天堂。

奉献精神是我们宝贵的精神财富。

从井冈山精神、延安精神、"两弹一星"精神到抗洪精神、抗非典精神，我们可以看到奉献精神在不同时期的生动体现和丰富内容。"先天下之忧而忧,后天下之乐而乐";"捐躯赴国难,视死忽如归",就是中华民族奉献精神的生动写照。

纵观历史,可以看到,无数仁人志士正是通过"奉献"二字,将个人的命运与祖国、民族的命运紧紧地联系在一起的。

王朴生于1928年,牺牲于1941年,河北省顺平县人。在他开始懂事的时候,日本强盗发动了"七七"卢沟桥事变,侵占华北,战争的火焰烧到了他的家乡太行山。日寇烧杀抢掠的凶残行为,在王朴幼小的心灵燃起民族仇恨的烈火。

有一次,野场村的乡亲们全被日寇赶到村子里,王朴也是其中一个,日寇拿着一份由汉奸金珠子提供的村干部和抗日军属名单,叫汉奸翻译把他们一个一个拉出来,然后狗汉奸龇牙咧嘴地问王朴:"你就是野场村的儿童团团长王朴吧?"王朴理都不理这个狗汉奸。"你一定知道八路军的东西藏在哪里,说出来就放你回家。""不知道! 就是知道也不会告诉你们鬼子和狗汉奸!"王朴面不改色地回答。日寇猛地抽出了东洋指挥刀,指着王朴的胸口,狂叫道:"你的小八路,快快地说,你不说死了死了的!"王朴面对日本鬼子强盗的刺刀,想起了"五不誓言",想起了张喜子和秀大伯,更想起了自己领着儿童团团员宣誓的誓言"头可断,血可流,秘密不可泄!"于是把牙一咬,昂首挺胸,面对死亡,毫不畏惧。就这样,王朴英勇地为自己的祖国献出了年轻的生命。

自古英雄出少年。抗日战争时期,中华民族涌现出了一批少年英雄。在民族危亡的时刻,他们跟父辈一起,用自己稚嫩的肩膀担起了沉重的抗战任务。他们的传奇事迹经过艺术家们的演绎,成了经典的歌曲、小说、电影,几十年来被人们传颂,经久不衰。

敬业与奉献,或者说职责与奉献是密不可分的,履行好自己的职责是奉献的基础。每一位劳动者,无论在什么行业,无论干什么工作,无论能力大小,只要爱岗敬业,奋发进取,干一行,爱一行,就可以在本职岗位上施展才华,做出贡献,实现自己的人生价值。人人都履行职责,无私奉献,是实现中华民族伟大复兴的巨大精神力量。每个人不论分工如何、能力大小,都能够在本职岗位上,通过不同的形式为国家和人民做奉献。

做人——俯首甘为孺子牛

作为共产党员，我们必须把共产主义作为奋斗终生的事业，奉献出自己的全部心血、汗水甚至生命。实现人生的价值，并不一定要做出轰轰烈烈的大事，在做好自己本职工作的同时，去做一些对社会有益的事情，其实也是一种快乐的奉献。

爱岗敬业是人类社会最为普遍的奉献精神，它看似平凡，实则伟大。一份职业，一个岗位，既是一个人赖以生存和发展的基础，也是社会存在和发展的需要。

只有爱岗敬业的人，才会在自己的工作岗位上勤勤恳恳，不断地钻研学习，一丝不苟，精益求精，才能为社会为国家做出崇高而伟大的奉献。

爱岗敬业是平凡的奉献精神，因为它是每个人都可以做到，而且应该具备的；爱岗敬业又是伟大的奉献精神，因为伟大出自平凡，没有平凡的爱岗敬业，就没有伟大的奉献。全面建设小康社会需要人们爱岗敬业，呼唤人们弘扬奉献精神。

奉献还应是对自身利益的舍弃。换句话说，奉献就意味着自我的牺牲。用哲学的术语来说，自我牺牲应当是奉献的质的规定性。李大钊为追求真理而捐躯，白求恩为人类正义而殉职，董存瑞为人民解放而牺牲，邓稼先为科学事业而献身，雷锋将有限的生命投入到无限的为人民服务之中，等等，哪个不是自我牺牲的体现！奉献是一种自我牺牲，是一种道德上极为崇高的境界。我们的社会需要奉献精神！

心灵悄悄话

敬业与奉献，或者说职责与奉献是密不可分的，履行好自己的职责是奉献的基础。每一位劳动者，无论在什么行业，无论干什么工作，无论能力大小，只要爱岗敬业，奋发进取，干一行，爱一行，就可以在本职岗位上施展才华，做出贡献，实现自己的人生价值。

奉献是一种养分

　　大家一定都听过这样一个故事:一个生气的男孩向他妈妈大喊我恨你,然后他又害怕受到惩罚,就跑出家,来到山腰上对着山谷大喊:"我恨你!我恨你!我恨你!"山谷传来回应:"我恨你!我恨你!我恨你!"男孩吃了一惊,跑回家去告诉他妈妈说,在山谷里有个可恶的小男孩对他说恨他。于是他妈妈就把他带回山腰上并让他喊:"我爱你!我爱你!"男孩按他妈妈说的做了,这回他发现有个可爱的小男孩在山谷里对他喊:"我爱你!我爱你!"

　　生活就像山谷回声,你付出什么,就得到什么;你耕种什么,就收获什么。帮助别人就是强大自己,帮助别人也就是帮助自己,别人得到的并非是你失去的。

奉献是一种养分

　　当我们感受一缕阳光,听见一声鸟鸣,触摸一滴露珠,那是来自大自然赋予我们的喜悦!当我们迎来新一轮朝阳,目送夕阳西下,那是时光丰富了我们的生命!甚至,当我们承受了一次风雨,走过了一段泥泞,那是生命给了我们战胜的勇气!

　　这一切,都需要我们用一颗奉献的心去面对,学会了奉献,我们便拥有了快乐、拥有了幸福、也拥有了力量!

做人——俯首甘为孺子牛

给, 永远比拿快乐

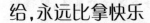

奉献是一种养分, 为我们孕育快乐。奉献有时是一种声音, 一种简单的隐喻了爱在传递的声音。当残奥会在上海举行的时候, 有多少的观众为那些折断翅膀的天使助威加油, 有多少的志愿者为他们诠释了中国文化的精彩, 带他们领略了中华文明的源远流长, 人与人之间的交流, 传递着爱, 体现着和谐。

奉献有时是一种色彩, 一种负载了情感的色彩。当春天的脚步临近, 万物复苏, 绿色铺满整个大地, 是希望, 是生机; 当夏天走进我们的世界, 花儿争奇斗艳, 姹紫嫣红, 美不胜收; 当秋天从我们身边溜过, 留下片片金黄, 淡淡感伤; 随之而来的冬天流露着纯洁和庄严, 深藏着新生的力量。人生活在充满色彩的环境中, 永远不会匮乏, 四季交替, 传递和谐。**奉献有时是一种细微、寻常的极容易被人忽略的场景。**当你捡起地上的一根烟头并把它放进垃圾箱, 当你将口中的口香糖包好再丢进垃圾箱, 当你关紧那滴水的龙头时, 那都是一种奉献, 这小小的举动, 将点燃和谐的火焰, 默化成人类生活和谐的壮歌。

若是没有奉献, 我想我们就会在不痛不痒中丢弃自己。因为这个世界上连一朵花、一棵草、一湖水、一尾鱼、一条狗……都在奉献着, 所有的生命几乎都有着奉献的特质。如果对美视而不见, 对春天也无动于衷, 那么还有什么理由在美和春天之间迈开双脚呢?

几年前, 在荷兰的一个小渔村里, 一个男孩教会全世界的人懂得无私奉献的报偿。

由于整个村庄都靠渔业为生, 自愿紧急救援队就成了重要的设置。在一个月黑风高的晚上, 海上的暴风吹翻了一条渔船, 在紧要关头, 船员们发出了SOS的上信号。救援队的船长听到了警讯, 村民们也都聚集在小镇广场望着海港。当救援的划艇与汹涌的海浪搏斗时, 村民们也毫不懈怠地在海边举起灯笼, 照亮他们回家的路。

过了一个小时，救援船通过云雾再次出现，欢欣鼓舞的村民们跑上前去迎接。当他们筋疲力尽地抵达沙滩后，自愿救援队的队长宣布：由于救援船无法装载所有的人，只得留下了其中的一个；因为再多装一个乘客，救援船就会翻覆，所有的人都活不了。

在忙乱中，队长要另一队自愿救援者去搭救最后留下的那个人。16岁的汉斯也应声而出。他的母亲抓着他的手臂说："求求你不要去，你的父亲10年前在船难中丧生，你的哥哥保罗3个星期前才出海，现在音信全无。汉斯，你是我唯一的依靠呀！"

汉斯回答："妈，我必须去。如果每个人都说：'我不能去，总有别人去！'那会怎么样？妈，这是我的责任。当有人要求救援，我们就得轮流扮演我们的角色。"汉斯吻了他的母亲，加入队伍，消失在黑暗中。

又过了一个小时，对汉斯的母亲来说，真是比永久还久。最后，救援船驶过迷雾，汉斯正站在船头。船长把手围成筒状，向汉斯叫道："你找到留下来的那个人了吗？"汉斯高兴得大声回答："有，我们找到他了。告诉我妈，他是我哥保罗！"

不是所有的奉献都期待着报偿，就像汉斯勇敢地下海的时候，他没想到救上来的会是他的哥哥一样。但是，假如每个人都能够无私地奉献，那么人人都会得到丰厚的报偿则是一定的。**从自己做起吧，能帮别人的时候就尽全力去帮助吧。**

一个人，只要他还能奉献，就不至于彻底丧失良知与天性，只要能奉献，就能创造世界的美好，奉献是一种养分，滋润我们的心灵，促进社会的和谐。

心灵悄悄话

奉献有时是一种细微、寻常的极容易被人忽略的场景。当你捡起地上的一根烟头并把它放进垃圾箱，当你将口中的口香糖包好再丢进垃圾箱，当你关紧那滴水的龙头时，那都是一种奉献，这小小的举动，将点燃和谐的火焰，默化成人类生活和谐的壮歌。

做人——俯首甘为孺子牛

奉献是成功的催化剂

多奉献一些

成功与失败的差别有时很小,成功不过是比失败更多点什么东西,有些时候,往往你的失败也许是因为你需要"另外一点东西"把成功带给你。

你的成功也许是因为你多走了一些路,找到了别人未找到的另外的一点东西。

多奉献一些其实并不是一件难事,但往往有人并不是为了出于自愿而不要回报。多付出一些会成为你成就每一件事的必要因素。

所有的成功都只是比失败多"另外一点东西"。那么,怎样才能找到,才能抓住这"另外一点东西"呢? 这就要求我们多走些路。

生活中,我们会遇到很多大大小小的机遇,它与我们的事业有着密切的关联,机遇是一个美丽而性情古怪的天使,她忽然降临在你身边,如果你稍有不慎,她又将翩然而去,再也不会回来。

多付出一点的奉献精神会使你在任何地方、任何时候都立于不败之地,从而也就给你提供了更多的机会。

美国人有一句俗谚:**"通往失败的路上,处处是错失了的机会。坐待幸运从前门进来的人,往往忽略了从后窗进入的机会。"**

人生中,遇到的机会数不胜数,机会是为有准备的人准备的。

机会到处都有,就看你是否抓得住。许多人抱怨没有机会,他们说:他们之所以失败,是因为没有机会。机会无处不在,就看你是否抓得住。那么如何抓住机会呢?

要想把握难得的机会，必须具备一些必需的条件：

1、目光长远

鼠目寸光是不行的，不能看见树叶，就忽略了整片森林。

2、必须锲而不舍

没有持之以恒的毅力和百折不挠的信心是无济于事的。

阿穆耳肥料工厂的厂长马克道厄尔之所以会由一个速记者爬升而来，便是因为他能做非他分内所应做的工作。马克道厄尔最初是在一个懒惰的书记底下做事，那书记总是把事情推到手下职员的身上。他觉得马克道厄尔是一个可以任意驱使的人，有一次便叫他替自己编一本阿穆耳先生前往欧洲时用的密码电报书。那个书记的懒惰，使马克道厄尔拥有了做事的机会。

马克道厄尔不像一般人编电码一样，随意简单地编几张纸，而是编成了一本小小的书，用打字机很清楚地打出来，然后好好地用胶装订好。做好之后，那书记便交给阿穆耳先生。

"这大概不是你做的。"阿穆耳先生问。

"不是，是我手下的人做的。"那书记官战栗地回答。

"你叫他到我这里来。"

马克道厄尔到办公室来了，阿穆耳说："小伙子，你怎么把我的电报做成这样子的呢？"

"我想这样你用起来方便些。"马克道厄尔回答说。

过了几天之后，马克道厄尔便坐在前面办公室的一张写字台前；再过些时候，他便代替以前那个书记的职位了。

很多人都在等待机遇自己送上门来，那他们注定会失望的，机会是不会自己强加在人身上的。如果你想成功，就要主动寻找机会，多付出一些，把握机会。

每一份工作都需要脚踏实地的人来执行。主管在聘用重要职位的人才时，都会先考虑下面这些，然后才决定是否聘用。

积极主动的人都是不断做事的人。他真的去做，直到完成为止。被动的人都是不做事的人，他会找借口拖延，直到最后他证明这件事"不应该做""没有能力去做"或"已经来不及了"为止。

成功的人物并不是行动前就解决所有的问题，而是遭遇困难时能够想办法克服。具体可行的创意的确很重要，我们一定要有创造与改善任何事的创意。

成功跟那些缺乏创意的人永远无缘。但是你也不能对这一点有误解。因为光有创意还不够。那种能使你获得更多的生意或简化工作步骤的创意，只有在真正实施时才有价值。

每天都有几千人把自己辛苦得来的新构想取消或埋葬掉，因为他们不敢执行。过了一段时间以后，这些构想又会回来折磨他们。

切实执行你的创意，以便发挥它的价值，不管创意有多好，除非真正身体力行，否则永远没有收获。实行时心理要平静。

行动本身会增强信心，不行动只会带来恐惧。克服恐惧最好的办法就是行动。

一个人自信与否，决定了它能否成功。一个人拥有了自信，并为了自己的理想不懈地努力坚持，定能够克服许多困难，登上成功的顶峰。

行动可以治疗恐惧。一般人应付恐惧最常用的方法是"不做"。我常常跟推销员在一起，他们经常怯场，即使最老练的推销员也难免。他们为了克服恐惧，往往在客户附近徘徊犹豫，要不然干脆找个地方喝一杯又一杯的咖啡，来培养自信与勇气，这样根本没有效果。克服这种恐惧，最好的办法就是"立刻去做"。

有些时候，你感到身体不适，怀疑有什么病，可以及早发现。如果不去检查的话，你的恐惧会越来越深，直到真正生病为止。

有很多好计划没有实现，只是因为应该说"我现在就去做，马上开始"的时候，却说"我将来有一天会开始去做"。

许多目标远大的人都是分秒必争的实干家。他们绝不允许自己对时间有一丝一毫的拖拉。只有克服做事拖拉的毛病，才能够成就大的事业。

如果你时时想到"现在"，就会完成许多事情；如果常想"将来有一天"或

"将来什么时候"，那就一事无成。

你不可能每一步棋都下得很正确。但是，如果你下了很多步棋，你也许可以获得良好的成绩，说不定可以赢这盘棋。

多付出一点精神能够增加你的个人进取心，因为只有这样，才能使你变得主动，而不是等待事情的自行发展，所以，这更能使你加快成功的步伐。

心灵悄悄话

　　所有的成功都只是比失败多"另外一点东西"。那么，怎样才能找到，才能抓住这"另外一点东西"呢？这就要求我们多走些路。生活中，我们会遇到很多大大小小的机遇，她与我们的事业有着密切的关联，机遇是一个美丽而性情古怪的天使，她忽然降临在你身边，如果你稍有不慎，她又将翩然而去，再也不会回来。

做人——俯首甘为孺子牛

赠人玫瑰，手有余香

生活中处处存在美，存在爱。我们每天都能看到初升的太阳，那是自然之美。我们每天都能拥有他人的关爱与帮助，这是人性之美。

生命宛如一条奔流不息的长河，他所流经之处，总会给予他人以甘露，正因为如此，生命的长河被回馈的花瓣点缀得是那样的美、那样的动人。所以说给予也是一种美。

曾经听说过这样一个故事，有位医生赶着去抢救一位儿童，行至半路，竟发现路前方有一条深沟，他无法过去，于是他求助于路旁的一台推土机的司机。

司机答应了，他为医生填好了深沟。医生一路飞奔，终于孩子得救了。在回去的路上，他感激地向那位司机道谢，"谢谢你，是你救了孩子一命。"不料，司机却说道，"我根本不知道那是我的孩子"。

故事的结局出人意料，但却告诉我们，**付出也是一种美。**

回望我们生活的社会，茫茫人海中，在生命中的匆匆过客有不少。但是人们却不曾忘记留下自己的一份爱、一份帮助。他们的帮助尽管很渺小，但却让每一位受助之人如沐春风，或许这就是爱的魔力，人类最无私的美丽，它让这个世界远离浑浊，走向光明。

人的一生，不可能平静地度过，他不能孤立于社会及他人，他需要有他人的关爱与帮助，同时他也应该为他人付出自己的爱。**"送人玫瑰，手有余香"**，那是幸福的香味，关爱的美丽。

有爱，才有阳光；有阳光，才有生命；有生命，才有美丽。

这个世界需要爱，需要美丽，那么请用我们的爱，来为这个世界装点美丽。

美丽，它来自内心。美丽宛如一瓶年代久远的美酒，越久越香，越香越醇。内心的丰厚积淀来源于爱，美丽便也会因为爱而散发至全身。

送人玫瑰，手有余香。留下一份爱，回馈一份人性美。

由于警察局寻回的失物往往无人认领，或者物主提出证据后又放弃不要，因此，警察局的贮物室里收藏的物品真是琳琅满目，令人惊奇。那里有各式各样的东西：照相机、立体声扬声器、电视机、工具箱和汽车收音机等。这些无人认领的东西，每年一次以拍卖的方式出售，去年密苏里州堪萨斯市警察局的拍卖中，就有大批的自行车出售。

当第一辆自行车开始竞投，拍卖员问谁愿意带头出价时，站在最前面的12岁的小男孩儿布克说："5元钱。"

"已经有人出5元钱，你出10元好吗？好，10元，谁出15元？"叫价持续下去，拍卖员回头看一下布克，可他没还价。

稍后，轮到另一辆自行车开投。布克又出5元钱，但不再加价。跟着几辆自行车也是这样叫价出售。布克每次总是出价5元钱，从不多加，不过，5元钱的确太少。那些自行车都卖到35或40元钱，有的甚至100出头。

拍卖恢复了：还有照相机，收音机和更多自行车要卖出。布克还是给每辆自行车出5元钱，而每一辆总有人出价比他高出很多。

现在，聚集的观众开始注意那个首先出价的布克。他们开始观察会有什么结果。

经过漫长的一个半小时后，拍卖快要结束了，但是还剩下一辆自行车，而且是非常棒的一辆，车身光亮如新，有10个排档。69厘米的车轮，双位手刹车，杠式变速器和一套电动灯光装置。拍卖师问："有谁出价吗？"

这时，站在最前面，几乎已失去希望的布克轻声地再说了一遍："5元钱。"

拍卖员停止唱价，只是停下来站在那里。

观众也静坐着不作声。没有人举手，也没有人喊出第二个价。

直到拍卖员说："成交5元钱卖给那个穿短裤和球鞋的小伙子。"

观众于是纷纷鼓掌。

布克拿出握在汗湿了的拳头里揉皱的5元钱钞票，买了那辆无疑是世界上最漂亮的自行车时，他脸上露出了从未有过的美丽的笑容。

人们放弃了自己的私欲,去成全一个小男孩儿美好的愿望。**放弃的同时其实他们也收获了幸福,因为他们给予了别人幸福。**所以说,放弃也是给予,给予就是收获,给予他人所需要的,自己也会分享到快乐和满足。

但是,现在越来越多的人都有这样的观念,那就是奉献就必须要求得到回报,无私奉献的人就是一个智力障碍者。

有这样一则漫画,一人手持两把铁锹,上写"义务劳动"。他将一把递给身边的人,而这个身穿西装系着领带的冲着他,捂着肚子大笑说:"啥年代了,你别逗我!"直笑得泪水往外喷。在他眼中,做这种对自己没有利益的事,实在是太可笑了。他认为,啥年代了,还持这种旧观念,新观念就是只要劳动一定要有报酬。这种观念不完全对,人活在世上不能唯利是图,应该有奉献精神。

所谓"奉献精神"那就是不计报酬。付出不是说不应该获得回报,而是说在一个集体中,在一个社会的大家庭中,我们还是应该具有一点奉献精神。这绝不是过时的观念,无论在什么时代,奉献和付出都是一个很神圣的永恒的主题。一个社会之所以健康文明的发展,就是因为有无数具有奉献精神的人在支撑。

"人民的好公仆"焦裕禄,为了兰考人民付出了生命的代价;

曾获过两次诺贝尔奖的玛丽·居里,她发现了镭,当有人花巨资向她购镭时,她放弃了做富翁,而是把镭献给了国家,并向世界公开了镭的提炼方法;

李时珍尝遍百草写成造福后世的《本草纲目》……这一切的一切都是奉献精神。正是因为有了许多许多奉献精神,我们的生活才如此温馨。

其实,即使在今天,我们身边具有无私奉献精神的人也大有人在。

非典时期,多少医务人员为了救护病人和研制抗病毒药物,战死在这无硝烟的战场上;

抗洪前线,有多少战士不顾生命危险,抢救国家和人民的财产;

三尺讲台,多少老师超负荷地默默耕耘,不计回报,关怀培育着一茬苗壮成长的幼苗……这些都是神圣而伟大的奉献精神啊!

假如没有奉献精神,有的只有唯利是图、唯钱是瞻、自私自利、斤斤计较、金钱挂帅、私字当头、对他人的事漠不关心,对国家的事麻木不仁,那么,科学事业就不会发展,国家就不会富强,人民就不会幸福。

有一首歌叫《爱的奉献》,其中有这样一句歌词"只要人人都奉献出一点爱,世界将变成美好的人间。"是的,只要人人都有点奉献精神,阳光就会洒进世界的每一个角落。让我们大家共同努力,都具备一点奉献精神。

心灵悄悄话

回望我们生活的社会,茫茫人海中,在生命中的匆匆过客有不少。但是人们却不曾忘记留下自己的一份爱,一份帮助。他们的帮助尽管浪渺小,但却让每一位受助之人如沐春风,或许这就是爱的魔力,人类最无私的美丽,它让这个世界远离浑浊,走向光明。

做人——俯首甘为孺子牛

第二篇　自信：自信人生二百年

　　爱默生说过，一个人就是他成天所想象的那种样子，他怎么可能成为另一种样子呢？只要知道你在想些什么，就知道你是怎样的一个人。因为每个人的性格，都是由思想造成的。思想的作用是巨大的，因而，正确积极的思想对一个人的生活与成功意义也是非常巨大的。你的思考决定你的行动，你的行动则决定别人对你的看法，因此，你必须拥有健康积极的性格，相信自己是最优秀的。

　　"我们每个人的生活面貌都是由自己塑造而成的，如果我们能学会接受自己，看清自己的长处，明白自己的短处，便能踏稳脚步，达到目标。"

自信是成功的秘籍

自信是一种积极的性格表现,是一种强大的力量,也是一种最宝贵的资源。 在人生的旅途上,是自信开阔了求索的视野;是自信,催动了奋进的脚步;是自信,成就了一个又一个梦想。可以说,没有自信,梦想只会是海市蜃楼;没有自信,生命只会是灰色基调;没有自信,再简单的事都会被认为是跨越不过去的障碍。须知,在生命的长河中,有顺境,也有逆境;有成功的喜悦,也有失败的苦涩。并且,通往成功的道路,绝不会是一帆风顺的,有时会荆棘丛生,甚至会出现断崖。这时,更需要自信心作为我们精神的支柱,否则,成功将与我们无缘。

有一个相貌丑陋的小孩,说话口吃,而且因为疾病导致左脸局部有麻痹,嘴角畸形,讲话时嘴巴总是歪向一边,还有一只耳朵失聪。

为了矫正自己的口吃,孩子模仿古代一位有名的演说家,嘴里含着小石子讲话,看着嘴巴和舌头被石子磨烂的儿子,妈妈心疼地抱着他流着泪说:"不要练了,妈妈一辈子陪着你。"

懂事的他替妈妈擦着眼泪说:"妈妈,书上说,每一只漂亮的蝴蝶,都是自己冲破束缚它的茧之后才变成的。我要做一只美丽的蝴蝶。"

后来,他能流利地讲话了。因为勤奋和善良,他中学毕业时,不仅取得了优异的成绩,还获得了良好的人缘。

1992年10月,他参加了总理大选,他的成长经历被人们知道了,并赢得了极大的同情和尊敬。他说的"我要带领国家和人民成为一只美丽的蝴蝶"的竞选口号,使他以高票当选为总理,并在1997年连任,人们亲切地称他为"蝴蝶总理"。

他就是加拿大第一位连任两届的总理让·克雷蒂安。

迈克尔·乔丹是世界上最伟大的篮球明星,但是,你能想到吗?在高中的时候,迈克尔·乔丹曾经是篮球队的落选者。他跑去问为什么没被录取,教练说:"第一,你的身高不够;第二,你的技术太嫩了。你以后不可能进火学打篮球。"他对教练说:"你让我在这个球队练球吧,我愿意帮所有的球员拎球带,帮他们擦汗,我不需要上场,我只求我能跟球队练球,能有跟他们切磋球技的机会。"教练看到这个人如此热爱篮球,就答应了他的要求比赛一结束乔丹真的去为别的球员擦汗。

全世界最伟大的篮球明星就是这样从跑龙套开始的。

一个人有了自信,才能克服种种艰难,才能充分发挥自身的才智,从而在事业上做出伟大的成就。

拿破仑就是一个充满自信、具有顽强信念的人,据说只要拿破仑亲率军队作战,军队的战斗力便会增强一倍。原来,军队的战斗力在很大程度上基于士兵们对统帅敬仰的信心。如果统帅持有优柔寡断的性格,全军的士气必然会混乱不堪。拿破仑的自信与坚强,使他统率的每个士兵都增加了战斗力。

自信有多大,一个人的成就就有多大;人的成就,绝不会超出自信所达到的高度。拿破仑在率领军队越过阿尔卑斯山的时候,面对着严寒冷峻的高山,如果他首先怯下阵来,那么,他的军队永远也不会越过那座高山。所以,坚定不移的自信心,是一切成功之源。

有一次,一个士兵骑马送信给拿破仑,由于马跑得太快,在到达目的地时猛跌了一跤,那马就此一命呜呼。拿破仑接到信后,立刻写了回信,交给那个士兵,吩咐士兵骑自己的马,迅速把回信送走。

士兵看到这匹骏马非常强壮,身上的装饰无比华丽,便说:"不,将军,我只是一个默默无闻的士兵,实在不配骑这匹华美强壮的骏马。"

拿破仑则严肃地告诉他:"世上没有一样东西,是法兰西士兵所不配享有的。"

据有上述这个法国士兵心态的人,世界上到处都有,他们以为自己的地位太低微,自己太不起眼,别人所有的种种幸福,是不属于自己的,自己是不配享有的,以为自己是根本不能与那些伟大人物相提并论的,这种**自卑自贱**

做人——俯首甘为孺子牛

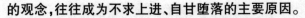

的观念,往往成为不求上进、自甘堕落的主要原因。

自信的性格对于立志成功者具有重要意义。有人说:成功的欲望是创造和拥有财富的源泉。人一旦拥有了这一欲望并经由自我暗示和潜意识的激发后形成一种信心,这种信心便会转化为一种"积极的感情"。它能够激发潜意识释放出无穷的热情、精力和智慧,进而帮助其获得巨大的成就。

心灵悄悄话

在人生的旅途上,是自信开阔了求索的视野;是自信,催动了奋进的脚步;是自信,成就了一个又一个梦想。可以说,没有自信,梦想只会是海市蜃楼;没有自信,生命只会是灰色基调;没有自信,再简单的事都会被认为是跨越不过去的障碍。

自信源于信念

信念为何物？

如果你希望主宰自己的人生，那么就必须好好掌握自己的信念，第一步就是你得知道信念是什么。

信念到底是什么？

在日常生活里我们常常脱口便能说出一长串的话，其中到底有没有什么意义并不是十分清楚。"信念"这个字眼大家都常用，可是不一定人人都知道它的真正含义。

安东尼·罗宾曾对信念有过如下定义：**"信念乃是对于某件事有把握的一种感觉。比如说当你相信自己很聪明，这时说起话来的口气便十分有力量：'我认为我很聪明。'"**

每个人都对自我感知的事物有自己的主见，当对主见把握不准确时，也能从别人那里问得答案。然而自己若是个优柔寡断的人，亦即没有坚定信念或对自己实在是没有把握，那就很难充分发挥所拥有的各种能力，步入理想的人生旅途。

凡是使用过电脑的人，对"微软"这家公司不会陌生，然而大多数人只知道它的创始人之一比尔·盖茨是个天才，却不知道他为了实现自己的信念而孤独地走在前无古人的路上。当时盖茨发现在墨西哥州阿布凯基市有家公司正在研究发展一种称之为"个人电脑"的东西，可是它得用 BASIC 程序语言来驱动，于是他便着手开始编写这套程序并决心完成这件事，即使他并无前例可循。盖茨有个很优秀的个性品质，就是一旦他想做什么事，就必定有把握给自己找出一条路来。在短短的几个星期里盖茨和另外一个搭档竭尽全力，终于写出了一套程序语言，因而使得个人电脑问世。盖茨的这番成就造成一连串的改变，扩大了电脑的世界，30 岁的时候成为一名家产亿万的富翁。

我们完全有理由坚信:有把握的信念能够发挥无比的威力。

信念的意义

1、信念能使梦想成真

信念能将美梦付诸行动。

人们常常会对自己本身或自己的能力产生"自我设限"的信念,其中的原因可能是因为过去曾经失败过,因而对于未来也不希望会有成功的一日。有的人经常把"务实一点"这句话挂在嘴边,事实上他仍是害怕,唯恐再一次遭到挫败的打击。内心的恐惧一旦成为一个根深蒂固的信念,当遇到成功的机会时便踌躇不前,即使做了也不会尽全力,不用说,结果必然不会有多大的成就。

伟大的领导者很少是务实的,他们非常聪明,遇事也拿得准,可是就一般人的标准来看可绝对不务实。究竟什么叫作务实呢? 那可全然没有一个统一的标准,就甲看来是件务实的事,可是换成了乙就全然不是那回事。究竟是不是务实,全看以什么样的标准而定。

印度国父圣雄甘地坚信采取温和的手段跟英帝国主义抗争,可以使印度获得民族自决的权利。这是前所未有的事,就很多人来看这可是痴人说梦话,不过事实却证明他的看法极为正确。

同样的情形,当年有人放话要在加州橙谷建造一座有特色的游乐园,让世人在其中能重享儿时的欢乐。有好多人都认为那简直是在做梦,可是沃特迪士尼却像历史中那些少数有远见的人一样,把神话里的世界真的带到了这个并不美丽的地方。

如果你打算人生中做出一件失败的事,那么就低估自己的能力吧!

2、获得成就

当一个人拥有人生一定能成功这样的信念时,不仅坚信而不动摇,即使有人对其怀疑,他也能坚定不移地向自己的行为目标前进。这种人对于所持的信念不容有一丝的怀疑，100%地排斥新的依据。其强烈程度几乎到了势不可挡的地步。

肯定的信念跟强烈的信念不同之处在于是否有行动的意愿。事实上，一个有强烈信念的人对于所相信的必然很执着，为了实现这个信念，他们不怕被人三番两次地拒绝，也不怕被人讥笑是个傻瓜。

肯定的信念和强烈的信念最大的不同，或许在于后者相信的程度通常较强烈，那是因为其在脑海里形成强烈肯定的结果，这种信念最后很可能就是这个人活着的唯一目的。抱持强烈信念的人最可贵的就是他根本就不相信这个信念会有错误的可能，因此便一味死抱着不放，结果就可能获得人生事业的巨大成功。

想在人生中有一番成就，有效的办法就是把信念提升到强烈的地步。促使我们拿出行动，扫除横在前面的一切障碍。

当你强烈相信自己有能力实现人生事业目标时，这个信念就可帮助你渡过人生事业旅途中的任何艰难险阻。

3、建立积极信念，清理消极信念

面对人生逆境或困境时所持的信念，远比任何事都重要。有些人在经历了一些挫折失败后便开始消沉，认为不管做什么事都不会成功，这种消极的信念蔓延开来让他觉得无力、无望，甚至于无用。如果你想成功，要追求所期望的美梦，就千万不要有这样的信念，因为它会扼杀你的潜能。毁掉你的希望。

做人——俯首甘为孺子牛

在西安南郊某单位有位值晚班的人，总是在下班后徒步回家，有天晚上月色皎洁，他改走一条穿过墓地的捷径，由于一路平安顺利。他以后就天天走这条路回家。有一天晚上，当他穿过墓地时，没有留意到白天已有人在这条路上挖了一个墓穴，一脚正踩个正着，跌了进去，他费尽所有力气，想要爬出去，却徒劳无功。因此，他就决定好好休息，等到天明时有人来救他出去。

当他坐在角落半梦半醒之际，有名醉汉跌跌撞撞走来，一不小心也掉入墓穴，那名醉汉拼命想爬出去，结果吵醒了那位值夜班的人，他伸手碰碰醉汉的脚说："老兄，你出不去的。"但醉汉后来还是爬出去了。

这就是不同的信念，在一个醉汉和正常人之间所造成的差别。

像值夜班的人这样具有摧毁性的信念，在心理学上称：无用意识。这是指一个人在某方面失败的次数太多，便自暴自弃地认为是个无用的人，从此便停止任何的尝试。

有许多人之所以能无视于横亘在眼前的巨大困难或障碍而做出伟大的成就，那是他们相信那些困难或障碍不会"永远长存"，不像那些轻易就放弃的人，把即使是小小的困难都看得像永远挥之不去的事。

当一个人相信困难会永远长存时，那就有如在他的神经系统中注入了致命的毒药，你别指望他会拿出任何力求改变的行动。同样地。如果你听到别人跟说你这个困难会没完没了的话时，可千万别轻信。最好离他远一点。不管人生中遇到什么不顺的事，你一定要记住："这件事，迟早是会过去的。"只要你能坚持下去，终有云散天开见月明的一刻。

心灵悄悄话

面对人生逆境或困境时所持的信念，远比任何事都重要。有些人在经历了一些挫折失败后便开始消沉，认为不管做什么事都不会成功，这种消极的信念蔓延开来让他觉得无力、无望，甚至于无用。如果你想成功，要追求所期望的美梦，就千万不要有这样的信念，因为它会扼杀你的潜能。毁掉你的希望。

自信源于勇气

信念和勇气的力量是如此奇妙，以致有的人活了一辈子却从未有过坚定的信念和巨大的勇气，但有的人却能从体内爆发出惊人的力量，而他们做梦也没想过自己的内心深处竟然蕴藏着如此巨大的力量。

懦弱的性格是一个人的大敌，你的人生不应该懦弱。相反，你应该具备挑战未来的勇气和能力，一个人如果懦弱，那么他应该有所改变，必须培养和树立坚定的信心，才有可能勇敢地去做自己想做的事，否则会畏首畏尾，慑慑缩缩，永远走不出黑暗。不论遇到什么问题，哪怕是面临失败，我们都不应该灰心丧气，要勇敢地正视它，以积极的态度寻找解决的办法。一旦问题解决了，我们的自信心也会为之大增，才能具备挑战未来的勇气。

自我暗示有助于你向懦弱宣战。当你察觉到自己性格中有懦弱的一面时，当你因为懦弱而误了很多大事时，你就应该不断地对自己说："我要像藏獒一样勇往直前，我比任何人都勇敢，没有任何人可以击败我。"经常反复地跟自己这样说，就等于你在不断地把健康有益的观念输入自己的潜意识，时间长了，这些健康有益的观念就会改变你的人生态度，使你变得像藏獒一样勇往直前，具备了挑战未来的勇气。

美国著名将领巴顿青少年时代就雄心勃勃，心存大志，发誓要成为一名勇往直前、毫不畏惧的将军。

小时候，巴顿发现自己虽然勇敢，但在危险面前也并非毫无顾虑。因此，他决定锻炼自己的胆量，克服隐藏在自己内心深处的恐惧心理，并时刻以"不让恐惧左右自己"自勉。

在西点军校学习期间，他有意识地锻炼自己的勇气。在骑术练习和比赛中，他总是挑最难跨越的障碍和最高的栅栏。在西点军校的最后一年里，有几次狙击训练，他突然站起来把头伸进火线区之内，要试试自己的胆量。

为此,他受到了父亲的责备,而巴顿却满不在乎地说:"我只是想看看我会有多害怕,我想锻炼自己,使自己不再胆怯。"

就这样,巴顿的性格变得异常勇猛无畏,而且自始至终地贯穿于他的军事生涯。

1944年6月,西方盟国与法西斯德国之间的最后大决战以诺曼底登陆为先导打响了。在随之而来的一系列重大战役中,巴顿充分发挥装甲部队快速、机动和火力强大等特点,采取长途奔袭和快速运动的战术,以超常规的速度在欧洲大陆上大踏步前进,不顾一切地穷追猛打,长驱直入,穿越法国和德国,最后到达捷克斯洛伐克。

巴顿是在极其艰难的情况下向前推进的,他曾直率地告诉自己的下属,他要对付的"敌人"有两个——德军和自己的上司!对于战胜德军,巴顿满怀信心;对于能否"制服"自己的上司,他却没有把握。但是有一点巴顿从未动摇过,"我们一分钟也不能耽搁,速度就是胜利!"在巴顿的鼓舞下,全体将士士气高昂,斗志旺盛,每个人都强烈地渴望向莱茵河进军,他们的直觉告诉自己:如果继续前进的话,没有任何力量可以阻挡。

在推进过程中,巴顿抓住一切战机迅速果断地围歼敌军。在281天的战斗中,巴顿率领的部队在100多英里长的战线正面向前推进了1000多英里,解放了130座城镇和村落,歼敌140余万,为解放法国、捷克斯洛伐克等国家并最终击败纳粹德国立下了汗马功劳。

巴顿创造的战绩是巨大的,也是惊人的。正如驻欧洲盟军总司令艾森豪威尔将军在战后所说:"在巴顿面前,没有不可克服的困难和不可逾越的障碍,他简直就像古代神话中的大力神,从不会被战争的重负压倒。在二战的历次战役中,没有任何一位高级将领有过像巴顿那样出奇的经历和惊人的战绩。"

在作战方面,巴顿堪称世界现代战争史上最杰出的战术家之一,其主要特点是勇敢无畏的进攻精神。巴顿特别强调装甲部队的大范围机动性,尽一切努力使部队推进、推进、再推进。巴顿在战斗中的一句口头禅是:"要迅速地、无情地、勇猛地、无休止地进攻!"有时,他下令:"我们要进攻、进攻,直到精疲力竭,然后我们还要再进攻。"有时,他对部下说:"一直打到坦克开不动。然后再爬出来步行……"正是这种勇敢无畏的进攻精神,使得巴顿率领的部队在战场上所向无敌,无往而不胜。

巴顿的勇猛无畏，使他赢得"血胆将军"的称号，并因在:二战中立下赫赫战功而被授予"四星上将"的军衔。

世界著名成人教育学家卡耐基说:**"我们每个人的生活面貌都是由自己塑造而成的，如果我们能学会接受自己，看清自己的长处，明白自己的短处，便能踏稳脚步，达到目标。"**

事实上，每个人生来的素质都差不多，别人能做成的事，你也能做成。一切艰难和困苦，都要由自己承担，不要推卸责任，要勇于承担一切。你应该有充沛的精力和伟大的魄力，要鼓起勇气，下定决心，与一切懦弱的思想做斗争。只有这样，你才能激发进取的勇气，才能感受生活的快乐，才能最大限度地挖掘自身的潜能。生活中的恐惧和不安，其实都是因为你的勇气不足，一旦获得了勇气，很多问题便能迎刃而解了。

勇气来自正气，正气是勇气的基础，无论是谁，只要他掌握了正气，也就掌握了主动权，掌握了无穷的力量。在正气面前，在公众利益面前，只要你有理在手，一定可以战胜邪恶。

或许有时命运会将我们置于忍无可忍的痛苦深渊，那个时候我们也要磨炼自己的意志，强化自己的信念，你要知道信念有压倒一切的力量。在我们的内心深处，要永远保持**"坚持到底就是胜利"**的信念。当你历尽艰辛仍前途渺茫，甚至走投无路、万念俱灰时，不屈的信念会给你的情感以温暖，给你的意志以鼓舞，给你的精神以引导。没有任何一种生活是十全十美的，但只要有坚定的信念，就没有改造不了的自我，就没有逾越不了的屏障，就没有抵达不了的彼岸。树立远大的目标，发掘自我的潜能，那么，所有瞻前顾后的疑虑、驻足不前的懦弱和逆来顺受的消极，统统都会被我们置于脑后，我们将获得无坚不摧的信心和勇气。

藏獒是顽强的，能够适应自然环境极端严酷艰苦的高原生活，是真正的高原主人;藏獒是坚忍不拔的，可以忍受千般苦难，甚至不需要一个屋顶;藏獒是英勇无敌的，可以迅速击败群狼。而这一切都基于藏獒的坚定信念和巨大勇气:勇于挑战自我，无所畏惧、永不退缩地去行动。

无论你的一生是平淡还是辉煌，无论你是长成大树还是小草，无论你是杰出还是平庸，这一切有时候都取决于你的性格，取决于你的勇气。你应该相信自己的潜在优势，增强自信心，消除懦弱性格。**胆小的人，他们真正的**

做人——俯首甘为孺子牛

敌人是自己。一个具有进取性格的人，必须具备英勇无畏的品格和超人的创造力。在人类历史上只有那些相信自己，英勇无畏而又富有创造力的人，才能成就伟大的事业。

心灵悄悄话

　　藏獒是顽强的，能够适应自然环境极端严酷艰苦的高原生活，是真正的高原主人；藏獒是坚忍不拔的，可以忍受千般苦难，甚至不需要一个屋顶；藏獒是英勇无敌的，可以迅速击败群狼。而这一切都基于藏獒的坚定信念和巨大勇气：勇于挑战自我，无所畏惧、永不退缩地去行动。

自信人生二百年

自信人生二百年，会当水击三千里

人人都想要成功，每一个人都想要获得一些最美好的事物。"想要成功"是一种"希望"，你无法用"希望"来移动一座山，也无法靠"希望"实现你的目标。但是，只要有自信，你就能移动一座山。只要相信你能成功，你就会赢得成功。

著名发明家爱迪生更加看重自信，他说：**"自信是成功的第一秘诀。"**

自信不仅能使一个白手起家的人成为巨富，也会使一个演员在风云变幻的政坛上大获成功，美国第四十届总统——罗纳德·里根就是有幸掌握这个诀窍的人物。

里根是个演员，从 22 岁到 54 岁，罗纳德·里根从电台体育播音员到好莱坞电影明星，整个青年到中年的岁月都在文艺圈内，对于从政完全是陌生的，更没有什么经验可谈。这一现实，几乎成为里根涉足政坛的"拦路虎"，然而，机会来临，共和党保守派和一些富豪们竭力怂恿他竞选加州州长时，里根毅然决定放弃大半辈子赖以为生的职业，决心开辟人生的新领域。

一个从未在政坛经营的人，竟然要竞选州长！这在绝大部分人看来无异于天方夜谭。然而里根还是决心从政。因为这其中有两件重要的事情，树立了里根角逐政界的自信。一是他受聘担任通用电气公司的电视节目主持人，为办好这个遍布全美各地的大型联合企业的电视节目，通过电视宣传，改变普遍存在的生产情绪低落的状况，里根不得不用心良苦，花费大量时间巡回在各个分厂同工人和管理人员广泛接触。这使得他有大量机会认识社会各界人士,全面了解社会的政治、经济情况。人们什么话都对他说,从工厂生产、职工收入、社会福利到政府与企业的关系、税收政策等。里根把这些话题吸收消化后,通过节目主持人的身份反映出来,立刻引起了强烈的共鸣,为此,该公司一位董事长曾意味深长地对里根说:"认真总结一下这方面的经验,为自己总结几条哲理,然后身体力行地去做,将来必有收获。"这番话无疑为里根坚定弃影从政的自信埋下了种子。

另一件事发生在他加入共和党后,为帮助保守派头目竞选议员,募集资金,他利用演员身份在电视上发表了一篇题为《可供选择的时代》的演讲。因其出色的表演才能大获成功,演说后立即募集了 100 万美元,以后又陆续收到不少捐款,总数达 600 万美元。被《纽约时报》称之为美国竞选史上筹款最多的一篇演说。里根一夜之间成为共和党保守派心目中的代言人,引起了操纵政坛的幕后人物的注意。

这时候又传来更令人振奋的消息,里根在好莱坞的好友乔治·墨菲,这个地道的电影明星,与担任过肯尼迪和约翰逊总统新闻秘书的老牌政治家塞林格竞选加州议员。在政治实力悬殊的情况下,乔治·墨菲凭借着38年的舞台银幕经验,唤起了早已熟悉他形象的老观众们的巨大热情,意外地大获全胜……

原来,演员的经历不但不是从政的障碍,而且如果运用得当,还会为争夺选票赢得民众发挥作用,里根发现了这一秘密,便首先从塑造形象上下功夫,充分利用自己的优势——五官端正、轮廓分明的好莱坞"典型的美男子"的风度和魅力,还邀约了一批著名的大影星、歌星、画家等艺术名流出来助阵,使共和党竞选活动别开生面,大放异彩,吸引了众多观众。然而这一切在里根的对手、多年来连任加州州长的老政治家布朗的眼中,却只不过是"二流戏子"的滑稽表演。他认为无论里根的外部形象怎样光辉,其政治形象毕竟过于稚嫩,于是他抓住这点,以毫无政治工作经验为由进行攻击,殊不知里根却顺水推舟,干脆扮演一个纯朴无华、诚实热心的"平民政治家"。结果赢得了人们的信赖。

里根再一次越过了障碍,帮助他越过障碍的正是障碍本身,没有政治资本就是一笔最大的资本。每个人一生的经历都是最宝贵的财富。不同的是,有的人只将经历视为实现未来目标的障碍,有的人则利用经历作为实现目标的法宝，里根无疑属于后者。

里根如愿以偿当上了州长。在后来问鼎白宫的道路上，又与竞争对手卡特举行了长达几十分钟的电视辩论。面对摄像机，里根淋漓尽致地发挥出表演才能，时而微笑，时而妙语连珠，在亿万选民面前凭着当演员时练就的本领，占尽上风；相比之下，从政时间虽长，但缺少表演经历的卡特却显得相形见绌。

里根角逐政坛的经历，让我们感觉到了自信的巨大力量：这份巨大的力量在成功者的足迹中起着决定性的作用，要想事业有成，就必须拥有无坚不摧的自信。**成功者大都有"碰壁"的经历，但坚定的自信使他们能通过薄弱环节，搜寻到隐藏着的"门"或通过总结教训而更有效地谋取成功。**

当然，自信毕竟只是一种自我激励的精神力量，若离开了自己所具有的条件，自信也就失去了依托，难以使希望成为现实。**大凡想有所作为的人，都须脚踏实地，从自己的脚下踏出一条远行的路来。**正如里根要改变自己的生活道路，并非突发奇想，而是与他的知识、能力、胆识，特别是他做演员所创造的条件，他的表演的才能，他的知名度，他对大众的影响力分不开的。

信心的力量在同一个人做同样一件事都获得不同的结果上让我们看得更为明显。

1952年，世界著名的游泳好手弗洛伦丝·查德威克从卡德林岛游向加利福尼亚海滩。两年前，她曾经横渡过英吉利海峡，现在她想再创一项纪录。

这天，当她游近加利福尼亚海岸时，嘴唇已冻得发紫，全身一阵阵地战栗。她已经在海水里泡了16个小时。远方，雾霭茫茫，使她难以辨认伴随着她的小艇。查德威克感到难以坚持，她向小艇上的朋友请求："把我拖上来吧。"艇上的人劝她不要向失败低头，要她再坚持一下。"只有一英里远了。"他们告诉她。

浓雾使她难以看到海岸，她以为别人在骗她。"把我拖上来。"她再三请求着。

于是，冷得发料、浑身湿淋淋的查德威克被拉上了小艇。

后来，她告诉记者说，如果当时她能看到陆地，她就一定能坚持游到终点。大雾阻止了她夺取最后的胜利。事实上，妨碍她成功的不是大雾而是她内心的疑惑，是她对自己先失去了自信，然后才被大雾给停虏了。

两个月后，查德威克又一次尝试着游向加利福尼亚海岸。浓雾还是笼罩在她的周围，海水冰凉刺骨，她同样望不见陆地。但这次她坚持着，她知道陆地就在前方；她奋力向前游，因为陆地在她的心中。

查德威克终于明白了信念的重要性。她不仅确立目标，而且懂得要对目标充满自信。

你同样也能确立目标，你也能使梦想变成现实，但首先你必须相信自己能够实现这一梦想。

"相信未来会成功"，这是一股强大的精神力量推动你前进，不管前进的路上有多少困难，只要能看到希望，你就能不断激励自己，催促自己勇往直前。

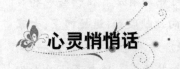
心灵悄悄话

人人都想要成功，每一个人都想要获得一些最美好的事物。"想要成功"是一种"希望"，你无法用"希望"来移动一座山，也无法靠"希望"实现你的目标。但是，只要有自信，你就能移动一座山。只要相信你能成功，你就会赢得成功。

自信让自卑走开

拥有自信和缺乏自信之间有一条深深的鸿沟。有了自信，一切事情都变得透明、顺利、轻松起来。而如果有了坚定的自信，即便是没有出众的才能，也能获得惊人的成就。**胆怯和意志不坚定的人，即使有出众的才干、超人的天赋、高尚的品格，也终难成就伟大的事业。**

有这么一件事：心理学家从一个班级的大学生中挑出一个最愚笨、最不招人喜爱的姑娘，并要求她的同学们改变以往对她的看法。在一些风和日丽的日子里，大家都争先恐后地照顾这位姑娘，向她献殷勤，送她回家，大家以假乱真地打心里认定她是位漂亮聪慧的姑娘。结果怎样呢？不到一年，这位姑娘出落得很漂亮，连她的举止也跟以前判若两人。她自豪地对人们说：她获得了新生。确实，她并没有变成另一个人——然而在她的身上却展现出每一个人都蕴藏的美，这种美只有在我们相信自己，周围的所有人也都相信我们、爱护我们的时候才会展现出来。

缺乏自信的人往往自卑。**自卑是一种消极自我评价或自我意识。**有自卑感的人总认为自己事事不如人，自惭形秽，丧失自信，进而悲观失望，不思进取。一个人若被自卑感所控制，其精神生活将会受到严重的束缚，聪明才智和创造力也会因此受到影响而无法正常发挥作用。所以，自卑是束缚创造力的一条绳索。

1951年，英国有一位名叫富兰克林的人，从自己拍得的DNA（脱氧核糖核酸）的X射线衍射照片上发现了DNA的螺旋结构之后，他就这一发现做了一次演讲。然而由于生性自卑，又老是怀疑自己的假说是错误的，最终放弃了这个假说。1953年，在富兰克林之后，科学家汉森和克贝克，也从照片

做人——俯首甘为孺子牛

上发现了 DNA 的分子结构,提出了 DNA 双螺旋结构的假说,从而标志着生物时代的到来,他们二人因此获得了 1962 年度诺贝尔医学奖。

可想而知,如果富兰克林不是自卑,而是坚持自己的假说,进一步进行深入研究,这个伟大的发现肯定会以他的名字载入史册。可见,一个人如果做了自卑情绪的俘虏,是很难有所作为的。即便成功的机遇来到了眼皮底下,也会在不经意中溜走。

许多人以为,自信的有无是天生的、不变的,其实并非如此。童年时代招人喜爱的孩子,从小就感觉到自己是善良、聪明的,因此才获得别人的喜爱。于是他就尽力使自己的行为名副其实,造就自己成为他相信的那样的人。而那些不得宠的孩子呢?人们总是训斥他们:"你是个笨蛋、窝囊废、懒鬼,是个游手好闲的东西!"于是他们就真的养成了这些恶劣的品质,因为人的品行基本上是取决于自信的。我们每个人的心目中都有各自为人的标准,我们常常把自己的行为同这个标准进行对照,并据此去指导自己的行动。

著名的奥地利心理分析学家 A.阿德勒在《自卑与超越》一书中提出了富有创见性的观点,他认为人类的所有行为,都是出自"自卑感以及对于自卑感"的克服和超越。**人人都有自卑感,只是程度不同而已。**成功者能克服自卑、超越自卑,其重要原因是他们善于运用调控方法提高心理承受力,使之在心理上阻断消极因素的交互作用。

所以,我们要使某个人变好,就应该对他少加斥责,要帮助他提高自信,修正他心目中的做人标准。如果我们想进行自我改造,加强某方面的修养,我们就应首先改变对自己的看法。不然,自我改造的全部努力便会落空。**对于人的改造,只能影响其内心世界,外因只有通过内因才能起作用。这是人类心理的一条基本规律。**

有一个美国外科医生,他以善做面部整形手术而闻名。他创造了奇迹,经过整形把许多丑陋的人变成漂亮的人。他发现,有一些接受手术的人,虽然整形手术很成功,但仍找他抱怨,说他们在手术后还是不漂亮,说手术没什么成效,他们自感面貌依旧。

这其中就存在着这样一个道理:**美与丑,并不仅仅在于一个人的本来面貌如何,还在于他是如何看待自己的。**一个人如果自惭形秽,那他就不会成为一个美人,同样,如果他不觉得自己聪明,那他就成不了聪明的人;他不觉得自己心地善良——即使在心底隐隐地有这种感觉,那他也成不了善良的人。一个人只要有自信,那么他就能成为他希望成为的那种人。

你的某些性格正昏睡不醒,你要用自信的甘泉去细心地滋养。成就的种子如果被唤起而付诸行动,会带给你极高的成就,那可能是你以前不敢希望获得的。就像一个音乐家,能够触摸小提琴的弦而发出优美动人的旋律,因此,你可能唤起昏睡在大脑里的天才因子,促使你达到你所希望达到的目标。

自信是一个成功的人所必备的素质,而自卑却是人成功的重大障碍,是人生命历程中不可忽视的性格症结。有自卑感的人常不顾事实地妄自菲薄。其实一切事物都是有自身的优点和弱点的,如果因自己的弱点而自卑是最愚蠢的。就现实而言,有的人活得潇潇洒洒,有的人却把自己的人生搞得一团糟。为什么会出现两种截然不同的情况呢?其原因就在于后者把心灵拴上了自卑的枷锁。

心灵悄悄话

你的某些性格正昏睡不醒,你要用自信的甘泉去细心地滋养。成就的种子如果被唤起而付诸行动,会带给你极高的成就,那可能是你以前不敢希望获得的。就像一个音乐家,能够触摸小提琴的弦而发出优美动人的旋律,因此,你可能唤起昏睡在大脑里的天才因子,促使你达到你所希望达到的目标。

第三篇　积极：长风破浪会有时

　　"永远都要坐第一排"的积极性格。是英国前首相玛格丽特·希尔达·撒切尔夫人的一条人生经验。这也是她取得巨大成就的关键。撒切尔夫人在她的学生时代，就养成了这种"永远都要坐第一排"的性格。你要在意识中播种争第一的信念，无数受人尊敬的成功者，都曾宣称自己是第一。是不是第一无须深究，关键是他们的确取得了个人成功。

　　实际上，一个人能力的提升，往往是在自己和自己的较量中得以实现的。每个人完全可以通过自身的不断进取努力来提高自己的能力，突破自我的极限，凭借自己的力量来改变生活。

永远都要坐第一排

进取心是点燃追求的火把，是造就成功的强大动力源；它是一个人生命中最奔腾、最神秘的力量。

具有进取性格的人，通常可以激发出身体内的潜能及向命运抗争和挑战的力量。这种永不停息的自我推动力可以激励人们向自己的目标前进，并推动人们去完善自我，追求完美的人生。

美国学者詹姆斯根据其研究成果指出："普通人只开发了自己身上所蕴藏能力的 1/10，与应当取得的成就相比较起来，每个人不过是半醒着的。"事实上，每个人的自身都是一座宝藏，都蕴藏着大自然赐予的巨大潜能和无限潜力，只是由于没有进行各种潜能训练，使得我们没有机会将内在的潜能淋漓尽致地发挥出来。在我们身上没有得到开发的潜能，就犹如一位熟睡的巨人，一旦受到激发，便能发挥"点石成金"的力量。

爱迪生小时候曾被学校的老师认为愚笨，而失去了在正规学校受教育的机会。可是，他的母亲并没有因此而放弃对他的教育。在母亲的帮助下，经过独特的心脑潜能开发，爱迪生最终成为世界上最著名的发明大王，一生完成上千项发明创造，他在留声机、电灯、电话、有声电影等许多项目上进行了开创性的发明，从根本上提高了人类生活的质量。

世界顶尖潜能大师安东尼·罗宾说："**并非大多数人命里注定不能成为爱因斯坦式的人物，任何一个平凡的人，只要发挥出足够的潜能，都可以成就一番惊天动地的伟业。**"

爱因斯坦是一位 20 世纪举世公认的科学巨匠。在他死后，科学家们对他的大脑进行了科学研究。结果表明，爱因斯坦的大脑无论是从体积、重量、构造或细胞组织上，都与同龄的其他任何人无异，并没有任何特殊性：这充分说明,爱因斯坦成功的"秘诀",并不在于他的大脑内部比起其他人有多么与众不同,用他自己的一句话总结就是——**"在于超越平常人的勤奋和努力以及为科学事业忘我牺牲的进取精神。"**

一个人潜能的开发程度取决于他的性格:具有积极进取性格的人,受到推动力的引导和驱使,其潜能能够获得深度的开发,很可能成就一生的梦想;而有着消极懈怠性格的人,无视这种力量的存在,或者仅仅是有时才服从这种力量的引导,因此凡事得过且过,人生也将停滞不前,注定一事无成。

通常情况下,在我们的生活中,多数的人就像没有被磁化的指南针一样,习惯于在原地不动而没有方向,习惯于依赖既有的经验,认为别人做不到的事情自己也不可能做到,于是便变得安于现状,习惯了按部就班的生活,习惯于从事那些让自己感到安全的事情,习惯于表现自己所熟悉、所擅长的本领,不愿意去改变自己的生活及探索未知的领域。因此,根本无法形成积极进取的好性格,自身的潜在能力也就始终得不到挖掘。所有的潜能也都在机械地操作中埋没,并随着年龄的增长、机体的变化而渐渐消失。而只有那些对成功怀有强烈愿望的人,才能够塑造出积极进取的性格,从而才能够突破自我极限,激发内在蕴藏的能力,最终才会比他人更容易获得成功。

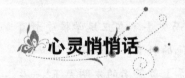

心灵悄悄话

一个人潜能的开发程度取决于他的性格:具有积极进取性格的人,受到推动力的引导和驱使,其潜能能够获得深度的开发,很可能成就一生的梦想;而有着消极懈怠性格的人,无视这种力量的存在,或者仅仅是有时才服从这种力量的引导,因此凡事得过且过,人生也将停滞不前,注定一事无成。

做人——俯首甘为孺子牛

积极快乐地去生活

生活因你的态度而改变

曾经统治古罗马帝国的大流士留下一句发人深思的名言：**"生活是由思想组成。"**

当我们想到的都是快乐时，我们真的会快乐；当我们想的都是忧伤时，我们真的会忧伤；当我们想到恐怖，我们内心开始惧怕；当我们认为自己会失败时，我们最终会失败；当我们总是自怨自艾时，别人也会远离我们。

诺曼·文森·皮埃尔说：**"你不是你所想到的模样，但你却会成为你想象的人。"**

我们并不是提倡人们要盲目地乐观，而是要用积极的心态去面对生活，也就是正视问题，但不过分忧虑。正视问题就要了解研究问题因何而来，再找出解决的办法，多余的忧虑和担心，对于解决问题毫无帮助。

人的精神状况对自身的肌体也有令人难以置信的作用力。

我们的平静和快乐并不取决于外在的条件，诸如我们身在何处，我们拥有什么，或我们的身份，而取决于我们的心理状态。

让我们以老约翰·布朗为例。他曾强占过美国一家军工厂，并企图鼓动奴隶叛乱，后被判处绞刑。他是坐在自己的棺木上被送往刑场的，当时在他旁边的警长都很紧张，而布朗却极为平静，欣赏着弗吉尼亚州衬着蓝天的崇山峻岭，他感叹道："多么壮丽的国家，我从来没有真正看清楚过。"

我们也可以以斯科特为例。他是第一位抵达南极的英国人。在他们回程时几乎经历了人类最严酷的考验。他们在途中断了粮，也短了燃料。他们寸步难行，因为吹过极地的狂风已肆虐了 11 个昼夜——这风的威力强大到可以切断南极冰崖。斯科特一行知道自己活不下去了，便拿出原先准备的一些鸦片以应付这种形势。因为一剂鸦片可以叫大家躺下，进入梦乡，不再苏醒。但最终他们没有这么做，反而是在欢唱中去世。他们的最后诀别壮举是人们后来才发现的，就在八个月后，一个搜索队找到了他们，并从冰冻的遗体上发现了一封告别书，告别书上是这么写的：如果我们拥有勇气和平静的思想，我们就能坐在自己的棺木上欣赏风景，在饥寒交迫时欢唱。

失明了的米尔顿在 300 年前就发现了同样的真理：心灵，是它自己的殿堂，它可成为地狱中的天堂，也可成为天堂中的地狱。

拿破仑与海伦·凯勒可谓米尔顿观点的最佳诠释者。集荣耀、权力、富贵于一身的拿破仑说道：在我的生命中，找不到六天快乐的日子。

反观既聋且哑又瞎的海伦·凯勒却说：我发现人生是如此美妙！活了半百，如果我真的学到了什么，那就是："除了你自己，没有别人能带给你平安。"

让我看看爱默生短文《自我依赖》的精彩结尾：一次政治上的胜利，地产收益的提高，病体康复，久未晤面的朋友出现，或任何其他外来的事物，会使你士气高昂，你以为好日子就在前面。切勿轻信，世事并非如此，除了你自己，没有别人能带给你平安。

当你情绪困扰、神经紧绷时，你可以改变你的心理态度吗？

美国著名的心理学家威廉·詹姆斯曾经表达过这样一种观点："通常的看法认为，行动是随着感觉而来，可实际上，行动和感觉是同时发生的。如果我们能使自己意志力控制下的行动规律化，也就能间接地使不在意志力控制下的感觉规律化。"这也就是说，我们不可能只凭"下定决心"就改变我们的情感，可是却可以改变我们的行为，而一旦行为发生了变化，感觉也就自然而然地改变了。

这种十分简单的办法是不是真的有效呢？不妨试一试：脸上露出十分开心的笑容，挺起胸膛，深深地呼吸一大口新鲜空气，唱段小曲——如果你唱不好，就吹吹口哨……这样一来，你很快就会领会威廉·詹姆斯所说的意思了:**当你的行动显出你快乐时,就不可能再忧虑和颓丧下去了。**

向你自己提一个问题:如果让自己觉得开心、充满勇气而且健康的思想能挽救一个人的生命,那么你我为什么还要为一些小小的不快和颓唐而沮丧呢? 如果让自己开心能够创造快乐,那么为什么要让自己和家人、朋友不高兴呢?

我们希望得到的,是一种能控制自己的能力——能控制自己的思想,能控制自己的恐惧,能控制自己的欲望。在这一点上我相信自己已取得了一些非凡的成就。无论何时,我都保持这样的信念:只要控制自己的行为,就能控制自己的反应。

所以,请大家记住威廉·詹姆斯这句话:"只要把困境中人的内心感觉由恐惧改成奋斗,就能把那些消极的东西变为对自己有积极意义的东西。"

让我们从此刻开始,为自己的快乐而努力。这里有一份快乐计划《只为此刻》——席贝尔·帕区吉。

只要我们依此去做,就能摆脱忧虑,让自己变得快乐。

只为此刻

只为此刻,我必须要快乐。林肯说过"大多数人的快乐来自决心"。快乐来自内心,而非外在世界。

只为此刻,我应该适应一切,我无法改变所有来迎合我自己。我要适应我的家庭、事业还有机遇。

只为此刻,我要身体健康。我要多运动,不忽视健康、不伤害身体,我要珍惜身体,这是我获得成功的基础。

只为此刻,我要在思想上丰富自己。我要多学习和研究,不把时间荒废在空想里。我要多读书,尤其是需要专心和动脑思考的书。

只为此刻,我要为锻炼自己做三件事:我要做一件不让对方知晓是我做得对他有益的事情;我还要做两件自己不愿意做的事。这样做是依照威廉·詹姆士要锻炼自己的建议。

只为此刻,我要做个受欢迎的人。我要注意仪表,打扮得体,不大声喧哗,举止要彬彬有礼。我不在意别人的评价,也绝不对他人或事件指指点点、妄自非议。

只为此刻,我要努力过好每一刻,一生的问题不可能一次性解决。我可以一连 12 个小时只做一件事，可我不能一生墨守成规，那我就不会再有进步。

　　只为此刻，我要有计划地生活。我应该写下每小时要做些什么，虽然不会完全照此去做，但我还是要制订计划，至少可以让我避免——仓促和迟疑这两种弊端。

　　只为此刻，我要让自己有半小时的空闲，让我的心灵宁静而愉悦。感谢上天给我生活的希望。

　　只为此刻，我要毫不畏惧，更不能害怕快乐，我爱人们，我爱一切美好的事物，我相信人们也一样会爱我。

　　塑造快乐的人生第一条要则：
　　让你的思想和行为先快乐起来，你会拥有真正的快乐。

心灵悄悄话

　　拿破仑与海伦·凯勒可谓米尔顿观点的最佳诠释者。集荣耀、权力、富贵于一身的拿破仑说道：在我的生命中，找不到六天快乐的日子。

　　反观既聋且哑又瞎的海伦·凯勒却说：我发现人生是如此美妙！活了半百，如果我真的学到了什么，那就是："除了你自己，没有别人能带给你平安。"

进取心是成功的助推器

有人说,人的命运是由人的性格决定的。这个观点恐怕是片面的,决定人的命运的因素有很多,性格只能是起决定作用的因素之一,所以,不能说人的命运是由人的性格决定的。然而,人的性格对于其一生的影响却非同小可,因此,能培养一种积极进取的性格,对于成功人生有着非常重要的意义。

进取心是成功者的助推器,之所以这样说,是因为,当一个人具有不断进取的决心时,这种决心就会化作一股无穷的力量,这种力量是任何困难和挫折都阻挡不了的,凭着这股力量,他会不达目的绝不罢休。

约苏阿·荷尔曼出生在法国的穆尔豪斯,这里是阿尔萨斯棉纺业的中心。他的父亲就在从事棉纺业的行当,荷尔曼15岁时就到父亲的办公室打杂。他在那儿干了两年,业余时间他就从事机械制图。后来,他到巴黎他叔父的银行里当差两年,晚上他一人默默地学习数学知识。他家的亲属在穆尔豪斯开办了一家小型棉纺厂以后,他被指派到巴黎师从迪索和莱伊两位先生,学习工厂的运作知识。与此同时,他成了巴黎机械工艺学院的一名学生,他在那里听各种讲座,研究学院博物馆中陈列的各种机器。在这样勤奋学习了一段时间之后,他回到了阿尔萨斯,指挥在维尔坦新建厂房中的机器安装,并很快完工投入了运作。然而,由于生产遭受了当时发生的一场商业危机的严重冲击而被迫停产,工厂不得不转手他人,这样,荷尔曼回到了他在穆尔豪斯的家中。

在这段时光里,他身体赋闲在家,但心却没有赋闲,他把自己的全部精力都投入到发明的探索过程中。他最早的设计是绣花机,里面有20根针头同时工作。经过6个月的辛勤劳动,他成功地完成了他的目标。由于这项发明在1834年的巴黎博览会上他获得了一枚金质奖章并被授予骑士勋章。荷尔曼在成功面前并不满足,他要向新的成功挑战。此后,他的各种发明接连而来。而最具创造性的设计之一,是一种能同时织出两块天鹅绒式的布料或织出好几层布料的纺织机,这两块布由共同的绒线相联结,但有一把小刀和切割器在纺织的时候把它们分开,当然,他最具创新意识的发明成果是精梳机。

因为原有的粗糙的梳棉机,在调制原材料用以进行精细纺织方面效果不理想,特别是在生产更好的纱线方面,更令人不满意,除了导致令人痛心的浪费外,还生产不出优质产品。为了克服这些弊端,阿尔萨斯的棉纺织业主们曾悬赏 5000 法郎寻求精梳机的诞生,荷尔曼于是开始着手去完成这项任务。其实,他并非是因为这 5000 法郎才去从事这一发明的。他从事这项发明纯粹是他个人的进取心所促使。他的一句格言是:"一个老是问自己干这能给我带来多大收益的人是干不成大事的。"真正激发他的创造性的主要因素是他那作为发明家所天生具有的不可遏制的冲动。然而,在精梳机的发明过程中,他所遭遇到的重重困难是他始料未及的。光是对这个问题的深入研究就花去他好几年的时光,与发明活动有关的开销是那么的庞大,他的财富很快就耗费一空。他陷入了贫困的深渊,再也无力从事改善他的机器的努力了。从那时起,他主要仰仗朋友的帮助来渡过危机,从事发明活动。

当他还在穷困的泥潭之中苦苦挣扎之时,他的妻子离开了人世,他一度沉浸在痛苦之中。不久,荷尔曼流落到英国,在曼彻斯特待了一段时间。在那里,他仍不气馁,继续辛勤地从事他的发明活动。后来,他返回法国看望自己的家小。其间,他仍然不停地从事把设想转化为现实成果的活动,他的全部精力都花在这上面了。一天晚上,当他坐在炉边沉思着许多发明家所遭受的艰辛多难的命运,以及因为他们的追求而给家人所带来的不幸时,他无意之中发现他的女儿们在用梳子梳理她们那长长的头发,一个念头突然在他的脑海里产生了:如果一台机器也能模仿这种梳发过程,把最长的线梳理出来,而那些短线则通过梳子的回旋把它们挡回去,这样就可以使他从困境中解脱出来了。这一发生在荷尔曼生活中的偶然事件,由画家埃尔默先生制作了一幅美丽的油画,并在 1862 年举行的皇家艺术展览会上展出。

在这一观念的指导下他开始努力进行设计。之后,他设计出了一种表述上简单但实际上却最为复杂的机器梳理工艺技术,在对它进行了巨大的

做人——俯首甘为孺子牛

改进工作后。他成功地完成了精梳机的发明。这种机器工作性能的妙处只有那些亲眼看见过它工作的人才能领略和欣赏到。它的梳理过程同梳理头发的过程的相似性是一目了然的，正是这一相似性导致了精梳机的发明。该机器被描述为"几乎能以人的手指的敏感性来进行活动"。

我们从荷尔曼的发明过程中，可以领略一项真正的成功所包含的艰难和曲折，但是我们更敬佩荷尔曼那坚韧不屈、永往直前的进取精神。正是这种精神才使我们的世界在创造中不断地展现出动人的魅力。

困难犹如坚冰，有进取心的人可以用热情将它融化，没有进取心的人则会被它冻僵。因此，保持积极进取的性格是我们战胜困难的重要法宝。

心灵悄悄话

进取心是成功者的助推器，之所以这样说，是因为，当一个人具有不断进取的决心时，这种决心就会化作一股无穷的力量，这种力量是任何困难和挫折都阻挡不了的，凭着这股力量，他会不达目的绝不罢休。

消极是上进的天敌

拥有积极进取性格的人,更能以积极的态度和行为去做事,从而产生积极的作用,久而久之,积极的作用就会积小成大,量变的积累致使质变的发生,个人也就更容易走上成功之路了。反之,也应该是这个道理。

人的心中必须将阳光照射进去,使之明媚振奋。如果以消极的阴云覆盖于心,不仅难以激发快乐与进取之心,就连自己也会感到自己是一个可怜而又多余的人。

有位孤独者倚靠着一棵树晒太阳,他衣衫褴褛,神情萎靡,不时有气无力地打着哈欠。一位智者从此经过,好奇地问道:"年轻人,如此好的阳光,如此难得的季节,你不去做你该做的事,懒懒散散地晒太阳,岂不辜负了大好时光?"

"唉,"孤独者叹了口气说,"在这个世界上我除了我自己的躯壳外,一无所有。我又何必去费心费力地做什么事呢?每天晒晒我的躯壳,就是我该做的所有事了。"

"你没有家?"

"与其承担家庭的负累,不如干脆没有。"

"你没有你的所爱?"

"没有,与其爱过之后便是恨,不如干脆不去爱。"

"没有朋友?"

"没有。与其得到还会失去,不如干脆没有朋友。"

"不想去赚钱?"

"不想。千金得来还复去,何必劳心费神动躯体?"

"喔,"智者若有所思,"看来我得赶快帮你找根绳子。""找绳子?干吗?"孤独者好奇地问。"帮你自缢。""自缢?你叫我死?"孤独者惊诧了。

"对。人有生就有死，与其生了还会死去，不如干脆就不出生。你的存在，本身就是多余的，自缢而死，不是正合你的逻辑吗？"孤独者无言以对。

"兰生幽谷，不因无人佩戴而不芬芳；月挂中天，不因暂满还缺而不自圆；桃李灼灼，不因秋节将至而不开花；江水奔腾，不因一去不返而拒东流。而况人乎？"智者说完，拂袖而去。

一个人拥有了进取性格就意味着拥有了良好的思考，并在思考中不断落实和推进自己的人生目标。**倘若消极地看待生活，泯灭生活的激情与进取的性格，那么应该是世界上最可悲之人。**这种人不仅不可能有所作为，自己贱视自己，而且也会被所有人所贱视。须知，成功之人之所以能成功，就在于有着一颗始终不渝而又十分宝贵的进取性格。

任何艰难都会为进取者让路

人生因为有进取之心而变得充实，人生因为有进取之心而变得精彩。进取性格的宝贵意义就在于，它能使你不愧于自己的一生，为自己带来成功和欢乐。

很多成就梦想的人，尽管出身卑微，或身患残疾，或饱受折磨，但是他们仅仅凭借进取心，勇敢地挑起了生活的重担，他们充分地开发和利用了生命中被赋予的巨大潜能，从而成就了一生的梦想。

原 TCL 集团副总裁吴士宏就有着鲜明的进取型性格，她的成功史，是一个坚强女人不畏困难的奋斗史：她没有被疾病吓倒，没有被学习中的困难累倒，她用超过常人的进取精神催促自己前进，用自信和坚毅与自己赛跑，从中领悟超越自我的含义；她就像高尔基笔下的那只在暴风雨中逆风飞翔的海燕一样，无畏风雨，于苦难中始终奋发向上。

年幼的吴士宏头脑聪明，胆子大，爱运动。不幸的是，一场大病从天而降，打乱了她原本计划好的一切。整整 4 年，三次报病危，她始终躺在病床上承受着病痛与孤寂的折磨。这场使她身心备受折磨的"病"，让她恍如隔世。

4年后,她终于从病中得到了解放。大病初愈的她并未因自己的不幸对生活产生怨言,而是觉得自己的生命只能重新开始。于是,从那时开始,吴士宏便萌发了一个想法:要做一个成大事的人。

考大学还有机会,但不属于她。因为她没有钱、没有时间。生病的4年没有任何收入,却花费很多,就算考上大学,没有工资还得自负生活费,太不现实了。于是,她决定选择一条"捷径"——参加高等教育自学考试来彻底改变自己的生活。对吴士宏来说,自学并不是最高效的方式,是因为别无选择。她有一个目标:把病中耗费的4年时间补回来。她选了科目最少的英文专业。书可以借一部分,要买的只有几本;要省钱,还可以听收音机。从此,她开始拼命,用自己的进取心和不顾一切地努力去拼搏。吴士宏的英文都是从头学的,花一年半拿下了大专,吴士宏感触最深的两个字是"真苦"!她每天挤出10个小时的时间用在学习上,自考文凭考下来了,她最得意的是"赚"回了点时间。

此后,学业完成后的吴士宏因一个意外的机缘到了IBM。一开始她做的是"行政专员",与打杂无异,什么都干。身处一群无比优越的真正白领阶层中,吴士宏感到了巨大的压力,常常觉得自己没有能力,没有价值。

但吴士宏是一个善于"成长"的人。她始终不断地学习、实践、超越,再学习、再实践、再超越。刚进IBM时,吴士宏几乎什么都不会,连打字都是从头学起,她拼命努力学习一切相关的东西。她开始做销售的时候,感觉到专业知识是第一大障碍,"培训毕业只是个模子,要把客户的具体要求套进去再做出方案来,没那么容易!"在这过程中,她给自己定下了要"领先半步"的目标,时常还有这样的想法,"不把自己累到极点,就觉得不够努力,对不住自己",吴士宏对自己始终要求严格。因此,吴士宏在办公室里晕倒过,吐过血,犯过心绞痛;还专门在抽屉里备着闹钟,一个星期总有几次熬到凌晨两三点。就这样,在付出了辛苦和心血之后,她终于发展了第一个大客户——中远。中远的运输公司业务是IBM主机,外轮代理全部是IBM小型机系列。1994年,吴士宏去了IBM华南公司,她在那里成功地带起了一支队伍,与大家一起成长,一起做出了辉煌的业绩。

历史上,所有的成功者之所以能够激发潜能成就梦想,都是因为他们怀有勇敢面对,大胆挑战生命中那些阻碍他们发挥潜能的缺陷和困难的进取

做人——俯首甘为孺子牛

心。当一个人怀有强烈的进取心,那么在他的人生中,无论遭遇恶劣的情况,还是碰到难以克服的障碍,他都会克服一切阻挠,找到出路,并实现人生的价值。

总之,抗拒苦难,不断进取,奋发向上,是成功者必备的性格特征。在我们的生活中,无论身处恶劣的环境,还是遭遇人生的坎坷,都要如所有成功者一样,直面苦难和不幸,无怨无悔地选择坚强和进取。从而跨越泥潭、走出低谷,实现自己的人生价值。

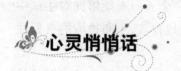

心灵悄悄话

一个人拥有进取性格就意味着拥有了良好的思考,并在思考中不断落实和推进自己的人生目标。倘若消极地看待生活,泯灭生活的激情与进取的性格,那么应该是世界上最可悲之人。这种人不仅不可能有所作为,自己贱视自己,而且也会被所有人所贱视。须知,成功之人之所以能成功,就在于有着一颗始终不渝而又十分宝贵的进取性格。

最大的敌人是自己

一个人最大的敌人不是别人,而是自己。一个人只有能够面对生命中的每一次挑战,才能不断地突破超越。因此,挑战自我、不断进取的良好性格是每个人都应当在生活和工作中大力培养的。

世界游泳冠军摩拉里的成长过程,就是一个以积极进取的性格而成长的过程。

1984 年的洛杉矶奥运会前夕,摩拉里已经有幸跻身于最优秀的参赛运动员之列。令人遗憾的是,在赛场上,他发挥欠佳,只获得一枚银牌,与冠军擦肩而过。他没有灰心丧气,从光荣的梦想中淡出之后,他把目标瞄准了1988 年的韩国汉城奥运会。

这一次,他的梦想在奥运会预选赛上就告破灭,他被淘汰了,跟大多数受挫情况下人们的反应一样,他变得沮丧,把体育的梦想深埋心中,有三年的时间,他很少游泳,那成了他心中永远的痛。

但在摩拉里的心中,自始至终有股燃烧的烈焰,没法子把它完全扑灭,离 1992 年夏季奥运会还有不到一年的时间了,他决定振作起来更加拼搏进取。在属于年轻人的游泳赛事中,30 多岁的人就算是高龄了,摩拉里脱离体育运动很久,再去百米蛙泳的比赛中与那些优秀的选手们拼搏,似乎就像是拿着枪矛戳风车的唐·吉诃德一样的不自量力。然而,摩拉里没有沉沦退缩,而是加大运动量刻苦训练。经过 10 个月多的艰苦努力,终于迎来了新一轮比赛。

在预赛中,他的成绩比世界纪录慢一秒多,因此,在决赛中他必须付出更多的努力,他努力地为自己增压打气。在游泳池中,他的速度果然是不可思议的快,超过其他的竞赛者而一路遥遥领先,他不仅夺得了冠军,还破了世界纪录。

在我们身边的许多人,原本可以有所成就或可以更为成功,但生活中却往往不能如愿以偿。这就是因为他们缺乏对自身的认识,缺少了向上的动力和进取心,因而总是划地自限,总是认为生活中的一切似乎都是命中注定的,现实的一切都不可超越,最终使无限的潜能只化为有限的成就。

实际上,一个人能力的提升,往往是在自己和自己的较量中得以实现的。每个人完全可以通过自身的不断进取努力来提高自己的能力,突破自我的极限,凭借自己的力量来改变生活。

在一家公司中,准备用一年的时间来考察两名推销员,然后提拔一人担任销售部的经理。在考案的过程中,一人一年到头挨家挨户推销产品,最后挣了两万元;另一个人花了一年时间设计并发动了一次技术改革,这一举动,使公司获利 2000 万元。两个人所花时间相等,可是第一个人总是担心银行的贷款,另一个人很快得到提升,同时拿到一笔数目相同的奖金。究其原因,是两个人的努力程度不同:

第一个人是盲目地使用时间。他很勤奋,完成了自己的工作任务,让他的上司很满意,他满足于工作让自己的生活衣食无忧。但他并没有长远的规划,不具备担任管理人员的素质。

而第二个人则是利用时间。一年中他在工作中不仅动手,而且动脑。他把工作当成任务也当成获得成功的机遇,他意识到自己有成功的希望并潜心去发展它。他观察到在仅仅能干与干得十分成功之间有很大区别,并决定通过自己的创新进取来弥补这种差异。他正确评估自己的能力,集中精力去发展他所做好的一切。当他遇到困难时,他从不诅咒,而是尽力解决;他寻找市场和顾客的真正需求,力求给予满足;他注意到任何办公室里所做的事情都多以语言交流为基础——书面语言和口头语言,于是他就开始学习掌握语言技巧;他发现事业上最有价值的能力莫过于在多数场合做出正确决定的能力,所以他就潜心研究决策法;他明白不管做任何事情,办法都不只有一个,他会永远铭记这一点。他尽力让别人需要自己,结果他成了公司必不可少的人,最终获得了提拔。

在我们的生活中,同第一名推销员一样,有着安于现状、不思进取"惰

57

性"的人绝不在少数，尽管他们雄心勃勃，但对如何发挥自身的能力却只有一个模糊概念。**这与其是说没有进取的决心，倒不如说是缺乏实现梦想的想象力。**对于采取哪些措施会成就自己的梦想使他们感到迷惑，其结果是：他们常常对自己或对他人或对"制度"满腹牢骚，对自己的潜能划地自限，又因为不知如何消除这一影响而心灰意冷。然而，只要你敢于突破自我，常常会有意想不到的喜悦收获。

有一个音乐系的学生，向一个极其有名的钢琴大师学习钢琴。授课的第一天，钢琴大师给了他一份乐谱："试试看吧！"乐谱的难度非常高，学生弹得生涩僵滞，错误百出。"还不成熟，回去好好练习！"钢琴大师在下课时，如此叮嘱学生。

学生刻苦练习了一个星期，第二周上课时正准备让钢琴大师验收，没想到钢琴大师又给他一份难度更高的乐谱："试试看吧！"却只字未提上周的练习。

于是，学生再次挣扎于更高难度的技巧挑战。然而，第三周，更难的乐谱又出现了。这样的情形一直持续着：学生每一周都在课堂上被一份新的乐谱所困扰，然后把它带回去练习；接着再回到课堂上，重新面临两倍难度的乐谱。即使这样，学生却仍然追不上进度，一点也没有因为上周练习而有驾轻就熟的感觉，学生感到越来越不安、沮丧和气馁。终于，学生再也忍不住了，当大师走进教室的时候，他提出了这三个月来不断折磨自己的质疑。

钢琴大师并没有开口，只是抽出第一次交给学生的那份乐谱递了过去，"弹奏吧！"他以坚定的目光望着学生。

不可思议的事情发生了，连学生自己都惊讶万分，他居然可以将这首曲子弹奏得如此美妙，如此精湛！钢琴大师又让学生试了第二堂课布置的练习，学生依然呈现出超高水准的表现……演奏结束后，学生怔怔地望着钢琴大师，说不出话来。

"如果，我任由你表现最擅长的部分，可能你还在练习最早的那份乐谱，就不会有现在进步的程度和超水平的发挥……"钢琴大师缓缓地说。

从上述故事可见，**超越自己比超越别人更困难，人都有盲点，尤其是看不清自己的缺点。**因此，与自己赛跑是一个艰难的过程，而进取的性格正是进行自我挑战的力量支持。一个人积极地进行自我挑战,本身就是一种莫大的成功。只有懂得不断超越自己的人,才能引领自己的人生走向新的高度。

对于每一个人来说,如果总是不求上进地只是喜欢做一些简易的、不必费心思花力气的事情,或仅满足于一点既得的成绩,那么,能力与水平便会只停留在一个层面上,永远得不到长远地发展。其实,开创生活虽然不是很容易,但却会让我们的人生充实且富有意义,我们虽然无法使时光停止,但是可以停止消极悲观的思想,用进取的性格积极地开发和运用自己的潜能,就一定会达到理想的彼岸。

心灵悄悄话

超越自己比超越别人更困难,人都有盲点,尤其是看不清自己的缺点。因此,与自己赛跑是一个艰难的过程,而进取的性格正是进行自我挑战的力量支持。一个人积极地进行自我挑战,本身就是一种莫大的成功。只有懂得不断超越自己的人,才能引领自己的人生走向新的高度。

第四篇　刚毅：烈火焚烧若等闲

　　人不可有傲气，有了傲气，往往会自命不凡，认为自己能干，比别人高出一筹，从而目中无人。对于这种人来说，成功无疑成了"毒药"。但是人应具备"傲骨"。什么是傲骨呢？就是应当有志气，有自信心，有顽强不屈的性格。它是一种动力、一种美德，折射的是一个人的人格。有了傲骨就有了原则和立场，就会处理任何复杂的事情，就会赢得尊重，同时也是做人应有的风范！有傲骨，有信心的人，失败后并不气馁，相反，他们会在新的基础上不断探索。平凡的人更不要把失败作为一粒种子埋藏在潜意识中，如果那样，很可能会把成功从根本上摧毁。

坚毅是强者的伴侣

坚毅是刚与毅的结合，具有这种性格的人不仅性格刚强，而且还具有坚强持久的意志力。这也正是强者所不可或缺的。在生活的海洋中，事事如意、一帆风顺地驶往彼岸的事情是很少的。或学习上遇到困难，或工作中受到挫折，或生活上遭到不幸，或事业上遭到失败，这些都有可能发生。当不幸的命运降临到我们身上的时候，我们应当怎么办呢？

唉声叹气，自叹"时乖运蹇"，自认倒霉，这是一种性格。在打击和磨难面前，仅仅停留于无休止的叹息，不会帮助你改变现实，只会削弱你和厄运抗争的意志，使你在无可奈何中消极地接受现实。

悲观绝望，自暴自弃，这也是一种性格。一遇到挫折就悲观失望，承认自己无能，这是意志薄弱、缺乏勇气的表现，也是自甘堕落、自我毁灭的开始。用悲观自卑来对待挫折，实际上是帮助挫折打击自己。是在既成的失败中，又为自己制造新的失败；在既有的痛苦中，再为自己增加新的痛苦。

在我们的生活中，倘若遭遇到不幸，就应鼓起勇气，振作精神，以刚毅的精神同厄运进行不屈的斗争。

1921 年夏天，罗斯福得了脊髓灰质炎。尽管他经过了多年的艰苦锻炼，试图重新用腿来走路，但他走路时仍然只能靠支架和拐棍。被人背着或用轮椅车推着，已成了罗斯福生活中的正常现象。但是，罗斯福从不抱怨自己的残疾，很少对朋友、同事们提起此事。有人问他，是否对这些不便感到烦恼，他却说："假如你在床上躺上两年，连大拇指都很难动弹一下，受过这种滋味，再干别的就容易多了！"

1928 年，几乎瘫痪的罗斯福开始竞选纽约州长时，他镇定自若的性格给众人留下了非常深刻的印象。有一次，他到纽约市的约克维尔区的礼堂去讲演，就是以这种镇定自若的性格让别人抬着他通过安全门进入集会大厅的。有人评论说，罗斯福的成功之道首先就是承受了身体上需要别人帮助的最大羞辱，他微笑着经受了这一羞辱。他从那可怕的、令人难堪和令人羞辱的入口进来了，性格却是那样愉快、谦恭和刚毅。他带着支架艰难地站起来，调节一下，挺起胸膛，理了理头发，挽着儿子吉姆的手臂，一步一颤地走上了讲台。似乎这一切都很正常。

就是拖着这样一具残体，罗斯福战胜了所有强健的竞争对手，不但顺利当选了纽约州长，而且成为美国历史上唯一连任四届、政绩十分显赫的总统。

生理上的残疾并不可怕，可怕的是心灵上的残疾。因为获得成功的最重要的因素是来自于伟大而坚强的意志。

在生活中的不幸面前，有没有坚强的性格，在某种意义上说，也是区别伟人与庸人的标志之一。巴尔扎克说：**"苦难对于一个天才是一块垫脚石，对于能干的人是一笔财富，而对于庸人却是一个万丈深渊。"**有的人在厄运和不幸面前、不屈服、不后退、不动摇，顽强地同命运抗争，因而在重重困难中冲开一条通向胜利的路，成了征服困难的英雄，掌握自己命运的主人。而有的人在生活的挫折和打击面前，垂头丧气、自暴自弃，丧失了继续前进的勇气和信心，于是成了庸人和懦夫。

拥有坚毅的性格可以战胜一切艰难险阻，任何困难和挫折都不能阻止他们前进的脚步，忍受压力而不气馁，勇于知难而进，是最终成功的要素。努力锤炼性格的坚毅，人人都可以走向成功，也只有这样才能更好地适应社会的发展，在充满竞争的社会中始终立于不败之地。

心灵悄悄话

有的人在厄运和不幸面前、不屈服、不后退、不动摇，顽强地同命运抗争，因而在重重困难中冲开一条通向胜利的路，成了征服困难的英雄，掌握自己命运的主人。而有的人在生活的挫折和打击面前，垂头丧气，自暴自弃，丧失了继续前进的勇气和信心，于是成了庸人和懦夫。

绝不向失败低头

面对可能出现的败局，我们不能放之任之，因为这种败局只是一种可能，没有必然性，因此，在可能失败之前，我们必须先保证不失败，或者力求少失败。

孙子曰："**昔之善战者，先为不可胜，以待敌之可胜。不可胜在己，可胜在敌。**"意思是从前会打仗的人，先要造成不会被敌人打败的条件，再等待可以战胜敌人的机会。不会被敌人战胜，主动权操在自己手中；能不能战胜敌人，却在乎敌人是否犯错误给我们创造了制胜的机会。

纵观古代的很多战例，大凡军队出征之前，定当部署守土之兵；军队行进之时，必先安排断后之将；两军交战之后，均须防备对方晚上劫营。照此做法，两军对垒之时，有可胜之机则战而胜之，无取胜之机也不会被敌人抓住机会而致落败。

其实人生也是这个道理，你若想在政界脱颖而出，必须言不逾矩，行不忤法，否则授人以柄，难免前功尽弃，到时候纵有高才奇志也是枉然。你若想在商界崭露头角，便不能过度负债或违法经营，否则或在商战之中落马，或在法纪面前翻车。即使做个靠薪水度日，凭手艺谋生的老百姓，也要洁身自好，不给人以可乘之机，以免惹下麻烦。

先为不败后求胜，不仅是兵家保存自己、夺取胜利的谋略，同时也对人们求生存、图发展有着很好的指导意义。我们要想事业一帆风顺，便应经常寻找自己在法律的、经济的以及人际关系等方面的可能致败之处，并预以防范或及时补救，这样才能使自己求胜的理想置于无虞的基础之上，使理想之花结出胜利之果。假如经过一番艰辛的拼搏，事业仍然成功无望，此时当事人便应进行深刻的分析，看看是主观原因的影响还是客观条件的制约，并采取相应的对策摆脱困境。

有些事本来是可以成功的，但当事人或是办事方法选择不妥，有如缘木求鱼终不可得;或是有利条件利用不够,有如顺风行船只用双桨不扯帆;或是主观努力尚有欠缺,有如推车上坡进二退三,以致事业或开局不利,或半途受阻、或功败垂成。此时,当事人必须找出主观原因的症结,然后对症下药,以求力挽败局。

有些事或似陆地行船,缺乏成功的基础;或似竹刀伐木,受制于客观条件,其结果自是不言而喻,只能以失败而告终。此时当事人便应**拿出壮士断腕的气概,放弃徒劳无功的努力,以便再筹方略,另闯新路**,这样才有可能出现柳暗花明又一村的全新局面。

"对症下药"与"另闯新路",这是面对败局两种截然不同的思维方式,前者立足于解决战术上的问题,后者着眼于纠正战略上的错误,面对败局究竟应选择哪条路,这就全靠当事人的分析与判断了。

面对失败,走向成功,你必须唱好三部曲:

超前思考,变不利为有利,大凡人们办事,一般都会碰到一些有利条件,也会遇见一些不利因素。此时,当事人便应超前思考,力争将不利因素转化为有利条件,使事业增添胜算。

在《三国演义》里,诸葛亮与周瑜想火攻曹操水军,但冬季只有西北风而无东南风,深知天文知识的诸葛亮正是利用这一点麻痹曹操,他算定甲子日开始将刮三天东南大风。届时依计而行,结果火借风势,风助火威,孙刘联军的一把大火便大破曹军于赤壁。

稳步推进,积小胜为大胜,办事应循序渐进,不可急于求成,只有稳步推进,积小胜为大胜,事业的成功才能有一个坚实的基础,才能避免倾覆之危险。

在曹、孙、刘三支力量的对比中,刘备虽处于劣势,但刘备在诸葛亮的辅佐下,先取荆州以为事业的起点,后取天府之国益州作为事业的根本,进而南伏获得蛮荒之众,北掠陇西等战略要地,终于实力大增,在后来魏、蜀、吴三国鼎立之中,成为一支举足轻重的力量。

1997 年的东南亚金融风暴刮至香港,香港政府为维护港币的稳定而决然出击,他们在股市上采用步步为营,积小胜为大胜的战略,与国际金融巨鳄索罗斯斗智斗勇,终于使索罗斯损失惨重铩羽而归。

精彩结尾,将理想变现实,千里行船,离码头虽仅一箭之遥,仍不算到达目的地;万言雄文,在结尾若有一句冗词,也称不上精彩文章。办事也是如此,如果前紧后松,草草收场,很可能胜券在握之事竟流于失败的结局。我们办事必须像飞行员远航归来一样,只有完成最后一个制动动作,将飞机安然停在停机坪的预定位置上,才能算是完成了一个精彩的起落。人们只有精神饱满、严肃认真地使事情精彩结尾,才算是真正将理想变为现实。

人们若能事事唱好上述"三部曲",则人生就能够挑战失败,从而不断地获取成功。

失败是一个过程,而非一个结果;是一个阶段,而非全部。不向败局妥协的人,才是生活中真正的强者。

心灵悄悄话

我们办事必须像飞行员远航归来一样,只有完成最后一个制动动作,将飞机安然停在停机坪的预定位置上,才能算是完成了一个精彩的起落。人们只有精神饱满、严肃认真地使事情精彩结尾,才算是真正将理想变为现实。

壮志在我胸

失败是人生成功路上适应环境的重要因素。消灭了失败,我们就可能让成功消失。就像我们滥用抗生素一样,让所有的病菌消失,我们也可能消灭了健康。对每个人来说,失败就是一件十分正常的事情,每个人都应该有勇敢面对失败和挫折的性格。

平凡的人更不要把失败作为一粒种子埋藏在潜意识中,如果那样,很可能会把成功从根本上摧毁。像风吹过一样,不要让失败在心里留下任何消极影响,而要让失败转化为鞭策自己的力量,逐步走向成功。

人生中有成功就有失败,平凡的人失败了也并不意味着你就是一个失败者,失败只是表明你尚未成功;**失败不意味着你没有努力,失败表明你的努力还不够;**失败不意味着你必须忏悔,失败表明你还要吸取教训;失败不意味着你一事无成,失败表明你得到了经验;失败不意味着你无法成功,失败表明你还需要一些时间;失败不意味着你会被打倒,就算失败了你依然要昂首挺胸地面对。

人人都有失败,在人生的旅程上,有谁是一帆风顺的呢?富人们的成功也是历尽了不计其数的坎坷才苦尽甘来的。没有数不尽的经验总结,成功从何而来?因此,成功是建立在无数次失败之上的。为什么有些人能取得成功,而有些人却一辈子都是平凡的人呢?他们的区别就在于:在失败面前,弱者一味痛苦迷惘,畏缩不前;强者却坚持不懈地追赶失败后的成功,这才有了贫富之间的差距。找到了原因所在,平凡者就要清醒了:面对失败,不要向失败低头示弱,而应该昂首挺胸、重新扬帆、乘风破浪。终有一天,你会摆脱平凡,走进成功人士的圈子。

世上的事并不是说你有信心去做,就会成功的。俗话说:失败是成功之母。没有失败的教训,哪会有成功呢?平凡的人不能被失败吓倒,要勇于向失败挑战。假如一次失败了,便情绪低沉,一蹶不振,那又怎么能成功呢?

做人——俯首甘为孺子牛

摔倒了固然痛苦,但成功只属于那些失败后也会昂首挺胸的人。

凡人,只有坚守信念,才能守得云开见月明!只有彻底击败心底的溃退,才能走向成功。不要被挫折击垮,也不要被失败吓倒,更不要蹉跎在过去的岁月当中。**凡人,只有经得起挫折,才能真正成为掌握命运的强者,真正的强者是永不言败的。**强者在挫折面前会越挫越勇,而弱者面对挫折会颓然不前。凡人,不能忘记,当你为错过夕阳而流泪时,也将错过如梦如银的星月。

每个人都有遇到挫折的时候,有些人或许会想:我是凡人,我失败了就一无所有了。这种想法是错误的,假如你因一时受挫,而对自己的能力产生怀疑,进而形成一种压力。那么,你一辈子就只能是凡人。

虽然现在你是凡人,但当你遇到挫折时,也应该保持头脑清晰、面对现实、勇敢面对、不要逃避。因为逃避是不能解决问题的,只能冷静地分析自己失败的原因。假如是自身因素的话,那么自己就应该好好反省一下,为什么会犯这样的错误呢? 今后应该怎样做,才能避免同类事件的发生呢? 事情已经发生了,不要急于去追究责任或是责怪自己,而应该想想事情是否还有挽回的余地。要是有的话,应该怎样做才能把损失或伤痛减到最低呢? 应该怎样做自己才会感觉舒服一点呢? 这才是失败后应该做的事情。

在当今社会中,人大约可以分为两种。第一种是在人生的道路上停步不前或缓缓地徘徊。这种人不会经历失败,也没有成功,但假如一辈子都这样过,这就是一个失败的人生。与这样的人讨论失败的问题就没有意义了。第二种人向着目标一直前进,这样就难免失败,在失败面前,他们依然昂首挺胸向前走,他们所走的每一步也就成了成功的记录。作为凡人,你当然应该选择做第二种人。

假如要向目标一直前进下去,就应该善待失败。当一个人在路上摔了一跤时,他有两个选择:第一,倒在那里不走了,这一生就失败了;第二,站起身来继续走,这一种选择就是一个成功,站起来又是一个成功,再走出一步,后面还有无数个成功。凡人就应该走第二条路,在哪里跌倒就在哪里爬起来,这才是强者的选择,这样才能走向成功。

假如善待一次失败,就可以避免下一次同样或类似的失败,善待每一次失败就可以避免更多的失败。在平时如果失败过又能善待,就可以避免在关键的时候失败。

失败是人生的熔炉，它可以把人烤死，也可以使人变得坚强、自信。凡人如果曾经在失败面前昂首挺胸，在你年迈时，你也可以自豪地对自己的子孙后代说："我曾在失败面前昂首挺胸。"

　　失败是一道靓丽的风景线，是经受夭折的玫瑰。遭受台风的果园虽令人无奈，但它却有无限的幽香。失败是枫叶，虽然被秋风扫落，却被热血浸透。失败是成功路上层层的山峦，汹涌的浪涛，凡人只有走过沟坎，才会到达成功的彼岸。

　　凡人更不能抱怨生活给了你太多的磨难，也不必抱怨生命中有太多的曲折。大海如果失去了巨浪的翻滚，就会失去雄浑；沙漠如果失去了飞沙的狂舞，就会失去壮观；人生如果仅去求得两点一线的一帆风顺，生命也就失去了存在的魅力。人生就是由无数个失败才走向成功的，少了失败的插曲，成功有时也是没有任何意义的。

　　失败是一道菜，一道难以下咽的苦菜，因为你穷，所以你不得不把它吃下去。当朋友离你而去，当苦苦追求的梦想屡受挫折，你便知道了人间的苦涩。你徘徊、你失落，甚至想死，但你还是不能放弃。**当你昂首挺胸地把失败这道菜吃下去时，你就会意识到，失败不过是酸甜苦辣的人生中的一碟小菜，并没有你想象的那么难吃。**

　　凡人在失败时一定要昂首挺胸，同时也要学会主动与他人交往。遇到挫折而气馁的人，常常垂头是失败的表现，是没有力量的表现，是丧失信心的表现。成功的人，得意的人，获得胜利的人总是昂首挺胸，意气风发。昂首挺胸是富有力量的表现，是自信的表现。凡人失败时的昂首挺胸，也是维护其自尊的表现。

　　凡是真正大的智慧，往往源于失败的教训。古今中外，大多数成功者都经历过失败，可贵的是他们的勇气。马克·吐温经商失意，弃商从文，结果一举成名。因为他曾经微笑面对过失败。

　　巴尔扎克说："**世界上的事情永远不是绝对的，结果因人而异，苦难对于天才是一块垫脚石，对能干的人是一笔财富，对于弱者是一个万丈深渊。**"只要在失败中汲取经验教训、体会方法、思考原因，这样，我们才会变得成熟，才会成功。

　　因为平凡，在激烈的竞争求职面前，或许你会无能为力，于是你失败了；在汹涌的经济大潮面前，你无能为力，于是你又失败了；在日益巨大的社会压力面前,你无能为力,于是你还是失败……失败把你压得喘不过气来,失败把你折磨得心力交瘁。

你失败了,于是你感到无助、胆怯、彷徨。面对接连的失败,你也许会受不了打击,不知道该怎么办。英国著名演讲家布朗曾说过:**"失败只是一次经历,而绝不是人生。"**

失败并不可怕,只要你找出失败的真正原因,以一颗积极的心态去善待失败,那么,失败就会远离你! 但是,如果你不敢接受失败,一味逃避失败,在失败面前总是寻找一些客观的理由,那你就犹如掉进万丈深渊,你的生活就会灰暗一片。

当你不断失败时,你也正在不断接近成功。失败一次,你就得到一次失败的教训,你就知道了下次该怎样去做。人生旅途本来就是崎岖不平的,你不能因为一次失败就停滞不前。失败犹如沼泽地,你越是不能很快地脱身,它就越可能把你陷住,你也就越陷越深,直至不能自拔。此时,最关键的就是要立即昂首挺胸地从失败的旋涡中跳出来,不管花费多大的代价! 因为只有跳出来,你才能看到一望无际的蔚蓝天空。

人类从猿到人,直立起来行走,在这个过程中失败累累。如果一失败就不再昂首挺胸,那至今还只能是猿。人之所以有作为,皆因在失败之后仍毫不气馁,能昂首挺胸继续走自己的路。

凡人能够昂首挺胸面对失败,是自信,是清醒,是情操,也是境界。不要为一次次的失败而懊丧,失败后应该勇敢地站起来,更深入地思考,更顽强地探索,昂首挺胸向前走,相信成功会属于你的。

心灵悄悄话

失败是一道靓丽的风景线,是经受夭折的玫瑰。遭受台风的果园虽令人无奈,但它却有无限的幽香。失败是枫叶,虽然被秋风扫落,却被热血渲染。失败是成功路上层层的山峦,汹涌的浪涛,凡人只有走过沟坎,才会到达成功的波岸。

挫折是刚毅的试金石

人没有战胜困难的性格,就如同要磨拭刀刃缺乏磨刀石一样。因为刀尖只有在磨刀石的砥砺控拭中才能变得锋利。也就是说,人若经不住困难的锤炼,则难有伟大可言。**风筝是逆风而上,英雄则要逆境而上。**

在人生这个大舞台上,不管你所担任的是什么角色,你越是能坚持,越是能奋斗,你成功的希望才会越大。

孟子说:**"自暴的人,不必与他交谈。自弃的人,不必与他同事。"**对于自暴自弃的脆弱心理,我们必须谨慎地防范它。我们知道,在古今中外的历史上,所有特殊的伟大人物都是从艰难困苦中奋斗过来的。拿破仑、华盛顿、甘地等人都是这样的。汉高祖刘邦以前只是一个小小的亭长,明太祖朱元璋曾是一个放牛娃。再从中国上古来看,舜曾是一个庄稼汉,管仲曾是士人,孙叔敖曾是渔民,百里奚曾是秦穆公用五张羊皮换来的。

这就是说,我们不要把自己的发展力量估计得太渺小,把环境的束缚力量估计得太大。只要我们拥有刚毅的性格,勇敢地与外力拼搏,一定能有所成就。

伯纳德·帕里希于 1828 年离开了法国南部的家乡,那时他年仅 18 岁。按他自己的说法:"那时候一本书也没有,只有天空和土地为伴,因为它们对谁都不会拒绝。"当时他只是一个不起眼的玻璃画师,然而,他内心却怀着满腔的艺术热情,一次,他偶然看到了一只精美的意大利杯子,完全被它迷住了,这样,他过去的生活完全被打乱了。从这时候起,他内心完全被另一种激情占据了。他决心要发现瓷釉的奥秘,看看它为什么能赋予杯子那样的光泽。

此后,他长年累月地把自己的全部精力都投入到对瓷釉各种成分的研究中。他自己动手制造熔炉,但第一次就以失败告终。后来,他又造了第二个。这一次虽然成功了，然而这只炉子既耗燃料，又耗时间，让他几乎耗尽了财产，最后他甚至买不起家常便饭。然而每次他在哪里失败就从哪里重新开始，最终，在经历无数次的失败之后，他烧出了色彩非常美丽的瓷釉。

为了改进自己的发明，帕里希用自己的双手把砖头一块一块垒了起来，建了一个玻璃炉。终于，到了决定试验成败的时候了，他连续高温加热了6天。可是，出乎意料的是，瓷并没有熔化。但他当时已经身无分文了，只好通过向别人借贷又买来陶罐和木材，并且想方设法找到了更好的助熔剂。准备就绪之后，他又重新生火，然而，直到燃料耗光也没有任何结果。他跑到花园里，把篱笆上的木栅折下来充柴火，但仍然没有效果；然后是他的家具，但仍然没有起作用；最后，他把餐具室的架子都一并砍碎扔进火里，奇迹终于发生了：熊熊的火焰一下子把瓷熔化了。秘密终于揭开了。

挫折就是阶梯，挫折就是机遇，挫折就是成功的开始。

世界上确有不少被埋没的人，但是，对于一个优秀的人来讲，即使他处在何种逆境之下，也一定可以取得某种程度的成功。不管遭遇多大的困难，他们也绝不会沮丧，纵使遭受再大的挫折，也能重新站起来，勇往直前。

曾国藩曾说："**自强刚毅之性，可破一切逆境。**"说得极为深刻。如果你想获得成功，就应当强化自己打败逆境的刚毅性格。

心灵悄悄话

挫折就是阶梯，挫折就是机遇，挫折就是成功的开始。世界上确有不少被埋没的人，但是，对于一个优秀的人来讲，即使他处在何种逆境之下，也一定可以取得某种程度的成功。不管遭遇多大的困难，他们也绝不会沮丧，纵使遭受再大的挫折，也能重新站起来，勇注直前。

拯救英国的刚毅夫人

刚毅是一种刚强、硬朗、有血性的性格。**具有刚毅型性格的人,勇敢顽强、无坚不摧。**在困难与挫折面前他们绝不会轻言放弃,而是知难而进,越挫越勇。

20 世纪 80 年代的英国,可以说是玛格丽特·撒切尔的时代。

从 20 世纪 70 年代末期登上英国政治的巅峰到 90 年代初期退位,风风雨雨 12 载,她以其刚毅的性格、鲜明的个性、超凡的勇气,一次又一次把英国从绝望的困境中引领出来。她 3 次蝉联英国首相,使萎靡不振、墨守成规的英国焕发起了精神,她对国家以及西方所发挥的影响至今仍令世界震动。撒切尔夫人从默默无闻一跃而为首相,她在其职业生涯上的成功与她固有的性格优势密不可分。

玛格丽特·撒切尔生于 1925 年 10 月 13 日。她并非是富商巨贾之女,也不是名门望族之后。祖父是个鞋匠,外祖父是铁路警察。父亲艾尔费雷德·罗伯茨是个小店主,在英格兰林肯郡的小镇格兰瑟姆经营肉品杂货店;母亲结婚前当过裁缝。在英国,这样出身卑微的女子,要想登上国家的权力之巅,是件不可思议的事情。

即使在玛格丽特当上保守党议员以后,议会里那些出身显赫的政要仍以不屑的口吻说:"瞧玛格丽特,她的举止,她的声音,她的容貌,都是中等阶级那一套。"可是性格刚毅的玛格丽特从不因出身寒门而自惭形秽。她回敬嘲讽者道:"我就是我,我已被选入议会,我将我行我素。"

中学时代的玛格丽特学习认真,成绩优异。高中毕业后,报考了牛津大学化学系。

做人——俯首甘为孺子牛

在她 18 岁那年,即 1943 年,跨进了牛津大学的门槛。

在英国,大学里的化学系,历来是很少有女学生报考的,玛格丽特决定
选读化学系,是她第一次表现出与众多女学生的不同之处——她相信自己
能够做好。

按一般常理而论,玛格丽特进入化学系,学的专业是化学,将来一辈子
吃化学饭是确定无疑的了。她毕业后的第一个职业,就是在一家航空公司
塑料部进行塑料表面扩张的研究,干得还相当出色。

1951 年 12 月 13 日,玛格丽特与丹尼斯·撒切尔结婚了。两年后,撒切
尔夫人生了一男一女的龙凤胎。玛格丽特在产前已开始攻读法律,产后能
否坚持学习,是对她意志的一次考验。她意识到,如不做出极大的努力,她
可能永远不能出来工作了。于是,性格刚毅的她在孩子满月后就恢复学习。
孩子生下 4 个月还在襁褓之时,她即参加律师业的最后考试,被录取为律师。
律师比起化学师来,离政治舞台要近得多。玛格丽特正朝着一条通向议会
的道路往前走去。

在英国,妇女当律师的并非是个别现象,只不过一般女律师大都是处理
诸如离婚等民事诉讼案件罢了。玛格丽特在这一点上又不随大流,她闯进
了向来被视为只能由男子管理的部门——税务法官议事室。玛丽格特不仅
实现了当律师的夙愿,而且又有了税务法庭的工作经历,这对其步入仕途以
及日后的官场生涯,无疑是很有助益的。

1959 年,玛格丽特等到了机遇。当时在芬奇利选区,上届大选以绝对多
数当选议员的保守党人克劳德爵士,因家庭原因宣布不再竞选连任。刹那
间,希望填补克劳德遗缺的 200 多位申请者蜂拥而至。然而,他们统统不是
撒切尔夫人的对手。玛格丽特拥有在达特福选区竞选时出色的工作记录,
又有多年律师工作的经历,而且她刚毅果敢的性格让别人对她刮目相看。
芬奇利选区保守党选举委员会一眼就看中了她。竞选中她击败所有对手,
在威斯敏斯特议会大厦赢得一席之地,时年 34 岁。这是撒切尔夫人政治生
涯的新起点。她告别了律师事务所,开始以职业政治家的姿态在议会崭露
头角。

1960 年初,议会辩论一项由她提出的允许新闻记者参加一些地方议会

的议案。这是玛格丽特第一次登上议会讲台。她不用稿子,花了30分钟时间,阐述了很难说清而又容易引起论战的议题。表决时,该议案以压倒多数通过,准予二读。议员们拥向玛格丽特,祝贺她获得成功,连反对该提案的工党议员,也不得不承认说:撒切尔夫人的讲话确实具有那种男性都难以具备的刚毅风格,给人以一种力量性的震撼。

撒切尔夫人很快成为全国的知名人物,她思维敏捷,在议会辩论中,能熟练地引经据典,精确地掌握数字。1961年10月,撒切尔夫人出任麦克米伦内阁的年金和国民保险部政务次官。她作为高级官员参加的第一次重大辩论便使人难以忘怀。当时,反对党指责政府没有提高年金。玛格丽特在答辩中列举了一系列数字,指出1946年、1951年、1959年和1962年这些年里年金的数目,有吸烟者和无吸烟者家庭的生活费用,年金上的支出总额,以及瑞典、丹麦、西德的年金水平。她一口气讲了40分钟,使在座的议员听得目瞪口呆。

自此之后,撒切尔夫人成了保守党日益倚重的人物。1964年保守党政府下台后,她先后被任命为保守党住房与土地事务、财经事务、燃料与动力事务以及教育问题发言人。1970年保守党重新执政,玛格丽特出任教育大臣。1974年保守党在大选中败北,这时候,保守党及其领袖希思先生的处境很不妙,而撒切尔夫人却脱颖而出。

1974年,保守党在大选中失败以后,党内有些人希望他们的领袖希思辞职,让保守党主席怀特洛来重振党的声威。

然而,爱德华·希思是一位志向博大而又有坚忍不拔性格的人。在他看来,当一名出色的首相和作一位出色的丈夫,二者不能兼得。他坚定地选择了前者,始终坚持不婚。1974年大选虽然失败,但他雄心未泯,仍抱着"当一名出色首相"的宏愿,准备东山再起。

1975年2月,保守党在布莱克普尔举行年会。不管希思愿意与否,年会按例要选举党的领袖。希思是当然的候选人。他手下人放风说:除了希思,眼下无人堪当此任。而希思本人也具有20余年从政的丰富阅历,将近4年的首相经历,以及长达10年的保守党领袖生涯,这也使得希思在党内处于举足轻重的地位,是全党公认的最高权威。因此,要与希思争夺党的领袖地

做人——俯首甘为孺子牛

位,一般人都望而却步。

谁料有一天,一位妇女走进了希思的办公室,彬彬有礼地对希思说:"阁下,我来向你挑战!"这位妇女正是撒切尔夫人。她经过反复掂量,决定亲自出场同希思一试高低。保守党的一些头面人物,对撒切尔夫人的这种行动方式感到十分惊奇。有人说,这种事通常是在暗地里干的,可她竟然采取如此的坦率行动。

撒切尔夫人在16年的议会生活中所表现出来的刚毅性格,原已博得保守党后座议员的好感,她向希思挑战的勇气和魄力,连前座议员也交口称赞。一些平时对希思不满的保守党人士,一下子就倒向撒切尔夫人一边,这更使玛格丽特声名大振。

按照选举规则,投票是在保守党下院议员中进行的。当时,保守党在下院共有278名议员,候选人必须得到140票的绝对多数才能当选。第一轮投票的结果,大大出乎人们的预料,撒切尔夫人获得130票,希思只得119票。两小时以后,希思辞去了保守党领袖的职务。希思败阵之后,原希思阵营里马上杀出几员大将来同撒切尔夫人交锋,但是一个星期后举行第二轮投票时,他们比希思输得更惨,怀特洛共得79票,其他三人连20票都没得到。撒切尔夫人遥遥领先,以146票的绝对多数,当选为英国历史上第一位女党魁。

当上保守党领袖,打破了这一职位历来由男人垄断的局面,这为撒切尔夫人登上首相之位创造了必不可少的前提。在这以后,这位女党魁开始向她的最终目标——唐宁街十号进发了。

性格刚毅的玛格丽特·撒切尔雄心勃勃,是一位不甘居于男人之后的女性。早在1952年,她就在报上撰文,披露抱负,强调妇女应该像男人一样有领导内阁的机会,要打破内阁首相的职位被男人垄断的局面。

1959年踏上仕途以后,撒切尔夫人更是到处演讲,为提高妇女的政治地位大造舆论。

撒切尔夫人自己的性格给其他妇女以某种启迪。她没有显赫门第的册封庇荫,也不具备夫贵妻荣的现成条件。但是,她凭着自己的坚强韧性,在通往权力峰顶的崎岖道路上,硬是把一大群男人甩到了后边。她是一个登上了梯子就一个劲地往顶点上爬的女人。

1979年，撒切尔夫人在大选中获得了胜利，当选为英国首相，此消息震撼了英国和欧洲政坛。败北的工党领袖卡拉汉向女王提交辞呈后说："**一个女人占据这个位置，这是英国历史上的一件大事。**"法国卫生部长西蒙娜·韦伊夫人热烈欢呼庆祝撒切尔夫人的胜利，把她的胜利说成是"**所有妇女的胜利**"。

撒切尔夫人一上台，随即宣布放弃上届工党政府实行的扩大开支、大搞福利主义以刺激需求和生产的凯恩斯主义，大刀阔斧地削减政府开支，推行把控制通货膨胀放在首位、严格控制货币供应量的货币主义政策，她力主要改变战后英国经济的方向。

玛格丽特的魄力和雄心是毋庸置疑的，但要到达其设想的彼岸，谈何容易。就在撒切尔夫人夸下"要改变战后英国经济方向"的海口以后不久，英国便陷入了20世纪30年代大萧条以来最严重的经济危机。这样一来，女首相的处境便可想而知了。批评、抱怨、咒骂纷至沓来。反对党工党幸灾乐祸，高喊撒切尔夫人的经济政策破产了。

面对这一切，撒切尔夫人没有彷徨徘徊。她坚信，她的政策是"唯一正确"的政策，只要不屈不挠地坚持下去，必定能云开见日。她意识到，在这思想混乱之际，安定内部是首要一环。1981年伊始，她向政府内部怀疑货币主义的人士发出了英国政界所说的"警告性射击"——对内阁作了第一次改组：解除了一名不同意她政策的大臣，提拔了两名坚决支持货币主义的人。

撒切尔夫人自己说过，她不是教条主义者，也不是爱走极端的人，而是一位有"坚定信念"的政治家。她相信货币主义，也希望英国人民逐渐认识到，如同著名的美国经济学家斯坦所说的那样，"**撒切尔主义不是从一盒同样可口的巧克力糖中挑选出来的夹心糖，而是一颗药丸，明知是苦的，但是数十年来其他药物都已无效以后，还得服用**"。撒切尔夫人为了坚持货币主义的经济政策，披荆斩棘，闯过了一道道险关，经受了严峻的考验，但也得罪了不少人。她的新闻秘书厄姆评论她的货币主义实验时说："这确是一场很大的冒险，如果她的政策成功了，她将成为全体英国人的宠儿；如果失败了，她将比任何人摔得更惨。但能否成功呢？只有上帝知道！"

做人——俯首甘为孺子牛

1981 年,是撒切尔夫人执政的第三个年头。在这一年里,女首相的日子是颇不好过的。一方面,为了货币主义,她遭到反对党、经济界以至执政党和政府内部交叉火力的攻击;另一方面,令人头痛的北爱尔兰问题,尤其是桑兹等人绝食身亡,使女首相承受着巨大的国内外压力。然而,不论来自国际上或国内的压力多么大,撒切尔夫人依然故我。

这就是性格刚毅,不达目标誓不罢休的撒切尔。自此,她的"铁娘子"称号便在世界上传开了。不过人们对"铁娘子"的理解却迥然不同。赞扬撒切尔夫人的人说,**"铁娘子是指处事果断,作风泼辣,意志刚毅"**;批评者说,此乃指她"强硬好战,刚愎自用,冥顽不化"。而撒切尔夫人自己的解释是,**"不是一个人云亦云的政治家,也不是一个实用主义政治家,而是一个有坚强信念的政治家"**。

但不管怎么说,撒切尔夫人从一名平凡的人上升到政治家的高度,她刚毅的性格,是促使她走上政坛直至人生成功的主要原因。

心灵悄悄话

从 20 世纪 70 年代末期登上英国政治的巅峰到 90 年代初期退位,风风雨雨 12 载,她以其刚毅的性格、鲜明的个性、超凡的勇气,一次又一次把英国从绝望的困境中引领出来。她 3 次蝉联英国首相,使萎靡不振、墨守成规的英国焕发起了精神,她对英国以及西方政治所发挥的影响至今仍令世界震动。

第五篇　坚强：千磨万击还坚劲

　　坚强是一种性格，更是一种力量。在人生的过程中，这种力量不仅体现在对事业的追求，而且同样体现在对一种精神的追求上。在很多情况下，这种追求甚至比知识的力量更强大，如果不坚持，到哪里都是放弃。如果这一刻不坚持，不管再到哪里，身后总有一步可退，可退一步不会海阔天空，只是躲进自己的世界而已，而那个世界也只会越来越小。

　　必要的忍让和后退，是留给自己充分积蓄力量的空间，做更完善的准备，从而更快地进步，更加有把握地击败竞争对手。坚忍中的后退，是为了前进的后退，为了更有力地进攻而后退。

永不放弃

任何一条成功之路都不会是笔直平坦的,总会伴随着崎崎岖岖,沟沟坎坎,想成功攀达顶峰的人,必须要面对横亘的障碍和天然的险阻。在这些面前,只有性格坚强的人才能从容地跨越过去。

人生活在社会上,往往要参与有形或无形的竞争。人的一生,总是在不断地竞争中度过的。而竞争中就有实力的较量,当自己实力不如人之时,如果你的性格中有坚无忍,逞一时之勇,必会遭到致命打击,元气大伤,永无还手之力。坚强者也是坚忍者,在实力不如人之际,会选择后退。后退,看似失败,而并非真败。

必要的忍让和后退,是留给自己充分积蓄力量的空间,做更完善的准备,从而更快地进步,更加有把握地击败竞争对手。**坚忍中的后退,是为了前进的后退,为了更有力地进攻而后退。**暂时退一步,日后可以进两步或者更多步,甚至可以为以后的快速前进奠定基础。

丘吉尔一生中最精彩的演讲是他最后的一次演讲。那是在剑桥大学的一次毕业典礼上,整个会堂有上万名学生,他们静静等待丘吉尔的出现。几分钟之后,丘吉尔在其随从的陪同下走进了会场,并慢慢走向讲台。他脱下自己的大衣交给随从,然后又摘下了帽子,默默地注视所有年轻的听众。

过了一分钟后,丘吉尔说了这样一句话:"成功只有三条法则:第一条是永远不放弃;第二条是永远,永远不放弃;第三条是永远,永远,永远不放弃!"说完,丘吉尔穿上了大衣,带上帽子离开了会场。这时整个会场鸦雀无声,一分钟后,掌声雷动。

罗伯特·施特劳斯曾说:"**成功有点像和大猩猩摔跤,当你感到累的时候你未曾放弃,但是当大猩猩快要无力反抗的时候你却提前放弃了。**"

很多失败者之所以一生都与成功无缘,只是因为他们经常在距离成功只有一步之遥的时候放弃——如果你不想成为这样的失败者,那就将和大猩猩摔跤这件事坚持到底吧。

世界上没有任何东西能够取代坚持。天分不能,有天分却一事无成的人再常见不过了;天才不能,空有天才却一无所获的事情屡见不鲜;受教育程度不能,到处都有有学识的社会弃儿——只有坚持和决心才是万能的。

根据一项心理学统计,一个普通人可以忍受被拒绝或失败的次数通常为三次,也就是说当他们做某件事时,被拒绝或失败三次之后,就会放弃尝试。

一个拥有超强意志力的人为了实现自己的目标,他们可以忍受多少次的被拒绝和失败呢?答案是:无数次!在他们的字典里没有"失败"这个字眼,只有"暂时没有成功"这样一个词组。

英国著名作家托马斯·卡莱尔曾说:**"不管遭遇什么障碍、挫折或不可能,都要永不退缩、坚定不移、坚持不懈。这正是强者和弱者的区别所在。"**

美国前总统西奥多·罗斯福则说:**"向伟大的目标发起挑战,去争取伟大的胜利,即使失败了,也比与那些既无多少欢乐又无多少痛苦的可怜虫为伍强出一百倍。因为那些可怜虫生活在灰暗的黄昏中,既不知道什么是胜利,也不懂得什么是失败。"**

日本松下公司创始人松下幸之助曾说:"我不知道反复了多少次'再来一次'。人不论做错多少次,只要不失去'再来一次'的勇气,必然大有作为。"

一家著名的电子厂招工,松下幸之助前去应聘。人事主管见他身材矮小,学历又低,就对他应付了一句:"我们现在不缺人,过一个月再说吧。"其实这只是人事主管的托词,但他没想到,一个月后,松下幸之助真的来了,主管很为难,便又找理由说:"你这衣冠不整的样子,怎么可以进厂呢?"于是松下幸之助又借钱买了新衣服,好好修饰了一番之后又去应聘。

对方拿他没办法,又说:"我们是电子厂,你不懂电器相关知识怎么行呢?"又过了两个月,松下幸之助又来了,并说:"我已经学了两个月的电器相关知识,您看我哪些方面还不合格,我一定认真去补!"

看着眼前这位韧性十足的求职者，人事主管不得不说："我做了几十年的招聘工作，头一回碰上你这样找工作的，真佩服你有这样的耐心和韧性。"松下幸之助终于感动了这位主管，如愿以偿地在电子厂内得到了一份工作。

※要的忍让和后退，是留给自己充分积蓄力量的空间，做更完善的准备，从而更快地进步，更加有把握地击败竞争对手。坚忍中的后退，是为了前进的后退，为了更有力地进攻而后退。暂时退一步，日后可以进两步或者更多步，甚至可以为以后的快速前进奠定基础。

第五篇 坚强： 千磨万击还坚劲

成功就在撑过下一秒

大多数的人只是看到了成功人士的无限风光,而那些不为人知的经历才是他们眼中莫大的财富。世上有很多著名的失败案例,但这之后几乎都是耀眼璀璨的成功,面对困境,人们可能担心、惶恐、慌乱,也可能努力去解决问题。动摇和恐惧,会使问题更难解决,而集中精神努力去解决问题,才能挺过艰难的时刻。只有咬紧牙关,一步步努力撑下去。

性格坚韧,是成大事、立大业者的特征。这些人获得巨大的事业成就,也许没有其他卓越品质的辅助,但肯定少不掉坚韧的特性。已过世的克雷吉夫人说过:**"美国人成功的秘诀,就是不怕失败。他们在事业上竭尽全力,毫不顾忌失败,即使失败也会卷土重来,并立下比以前更坚韧的决心,努力奋斗直到成功。"**

坚韧、勇敢,是伟大人物的特征。没有坚韧、勇敢品质的人,不敢抓住机会,不敢冒险,一遇困难,便会自动退缩,一获得小小成就,便感到满足。

那些一心要得胜,立意要成功的人即使失败,也不以一时失败为最后之结局,还会继续奋斗,在每次遭到失败后再重新站起,比以前更有决心地向前努力,不达目的决不罢休。**他们不知道什么是"最后的失败",在他们的词汇里面,也找不到"不能"和"不可能"几个字,任何困难、阻碍都不足以使他们跌倒,任何灾祸、不幸都不足以使他们灰心。**

有这样一个故事:在一场国际现代舞蹈大赛中,世界各国都派出"舞林高手"展现舞技,其中有一项是华尔兹的比赛,有十多对来自不同国家的舞者,穿着亮丽的舞衣在场中翩翩起舞。

世界级的舞蹈,男女舞者的舞技都是一流的,每个旋转、手势、眼神、微笑都是那么优雅,令人叹为观止。

正当所有观众都被现场气氛吸引时,有一位裁判慢慢地走到舞池边,静静地捡起一只红色的高跟鞋。然而，华尔兹的优美乐曲并没有停止，十多对舞者仍然一副专注、忘我的模样，微笑地继续舞蹈。

是谁掉了一只鞋？不可能是从天外飞来的，也不会是从房顶上掉下来的。一定是哪位女舞者在旋转时甩掉的。

音乐继续着，但是所有观众的目光，似乎都开始寻找"是谁掉了鞋"。

两脚高低不同，对一场舞蹈来说，是多么糟糕的状况啊！观众的目光搜寻全场，然而十多对舞者随着乐曲不停地旋转，根本看不出是谁出了问题。

直到华尔兹乐曲结束，观众才发现，其中一位女舞者正踮着脚，满面笑容地半弯着腰，向观众答礼；而观众向她报以热烈的掌声！或许，正是因为有困境的考验，人们才能不断超越自己。

那些人生的失败者，往往是不能坚持到成功的人。

著名心理学家、哲学家威廉·詹姆斯发现了这样的过程："**如果我们被一种不寻常的需要推动时，那么，奇迹将会发生。疲惫达到极限点时，或许是逐渐地，或许是突然间，我们超越了这个极限点，找到了全新的自我！**"詹姆斯继续解释道："此时，我们的力量显然到达了一个新的层次，这是经验不断积累、不断丰富的过程。直到有一天，我们突然发现自己竟然拥有了不可思议的力量，并感觉到难以言表的轻松。"

同样，我们拥有了高度自律的能力，我们也将拥有詹姆斯所描述的那种跨越"疲惫极限"并最终实现目标的能力，因为坚韧实际上也是一种习惯。坚韧这一习惯的过人之处便在于，你表现得越坚韧，你可能变得越坚韧。

事实是，**坚韧对于改变我们的生活、实现我们的目标至关重要。**许多事实证明：世界上一切事业，只要人们勇敢地坚持去做，都会获得成功，所有的贫困、不悦可以被尽数打破。

如果你觉得目前自己前途无望，觉得周围一切都很黑暗惨淡，那么你应当立即转过身、回过头，朝着希望和期待的阳光前进，而将黑暗的阴影远远抛在身后。

坚韧是解决一切困难的钥匙，试看诸事百业，有哪一种可以不经坚韧的努力而获成功呢？

在世界上，没有什么东西可以替代坚韧，教育不能，父辈的遗产不能，有力者的垂青也不能，而命运则更不能，因为宿命论者总是在忧忧戚戚中耗费

自己的青春。

　　真正的勇敢不是对什么事都毫不畏惧，而恰恰是在自己非常胆怯的情况下敢于去做！真正的强者并不是一直处于成功巅峰的人，而是属于敢于直面失败、挫折的人！

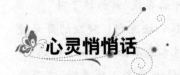

心灵悄悄话

　　性格坚韧，是成大事、立大业者的特征。这些人获得巨大的事业成就，也许没有其他卓越品质的辅助，但肯定少不掉坚韧的特性。坚韧、勇敢，是伟大人物的特征。没有坚韧、勇敢品质的人，不敢抓住机会，不敢冒险，一遇困难，便会自动退缩，一获小小成就，便感到满足。

做人——俯首甘为孺子牛

开朗并耐心地去坚持吧

富兰克林说："有耐心的人无往而不胜。"

耐心需要特别的勇气；需要对一个理想或目标全然地投入，而且要不屈不挠，坚持到底。就像白朗宁所说：**"有勇气改变你能够改变的，愿意接受你无法改变的，并且明智地判断你是否有能力改变。"** 因此，追求人生目标的决心越坚定，你就越有耐心克服障碍。所谓的耐心是以一种几乎不可思议的执着，投入既定的目标。

有了坚定的人生方向，可以提高你对于挫折的忍受力。如果你积极地面对困难，问题就能迎刃而解。

耐心等待，等待机会，你就能在意想不到中获得成功。

机会是一种稍纵即逝的东西，而且机会的产生也并非易事，因此不可能每个人什么时候都有机会可抓。而机会还没有来临时，最好的办法就是：等待、等待、再等待。在等待中为机会的到来做好准备。一旦机会在你面前出现，千万别犹豫，抓住它，你就是成功者。

忍耐力是你在极其艰苦的精神和肉体的压力下长期卓有成效地工作的能力；忍耐力是需要你长时间付出的额外努力。 那是需要你大口呼吸的时刻，而且它也是一种你想具备卓越的驾驭人的能力所必须培养的重要的个人品质。

忍耐力对致富十分重要，所以为了发展你精神和肉体上的忍耐力，请按下面**五项指导原则**去做：

1 不要沉湎于会影响你身体和精神健康的活动。

比如吸烟过多，会影响你的健康，至少也会影响你呼吸系统的正常运行。科学研究证明吸烟的害处远远不止于呼吸系统。

饮酒过量会降低你身体的忍耐力。饮酒过量会降低你清晰思考的能力，也会降低大脑发挥正常作用的能力，最终会导致体力和脑力的恶化，而且会越来越严重。几乎没有哪个喝酒过量的人会成为成功的管理人员或者赢得了高超的驾驭能力。

当你身体的忍耐力、你的健康，乃至你的生活都失去常态的时候，你的大脑就不可能进行正常的思维和发挥正常的作用，不管这种失常是由于饮酒、吸毒，或者是由其他一些原因造成的。你不妨尝试一下，看看在你觉得身体不适之时，或者说喝了酒之后，能否做出一个正确而又及时的决策。

2 培养体育锻炼的习惯有助于增强你的体质。

对于一个成天忙于工作的人，进行体育运动，似乎是最合适不不过的了。不管是什么类型的体育锻炼，只要你能持之以恒，都会增强你的体质，而且运用超负荷的原则还可以增加你的忍耐力。

超负荷的原则早已被实践所证明。肌肉的发达程度是根据你给肌肉的压力多少而定的，如果你期望不断地改善，随着能力的不断增加，给肌肉的这种压力也必须不断地增加。

3 学会一种你自己一个人能玩，到了老年时也能享受其乐趣的运动项目。

垒球、网球、排球，虽然是美好的运动项目，但一个人没法玩，年纪大了也不便玩。可是，高尔夫球、保龄球、打猎、钓鱼，却是一些既能与其他人共同享受，又能自己单独享受的运动项目。

4 通过不断地强迫你自己去做一些紧张的脑力劳动来考验你的精神忍耐力。

有时，当你疲劳至极，你的精力也似乎消耗殆尽时，你还要强迫自己工作，这是唯一一条学会在极大压力下继续进行工作的方法。学会这个也得运用超负荷的原则。

5 以你最佳的体力和智力状态完成各项工作。

这通常是对你的忍耐力的最好考验，也是保持勇气、保持耐力的一种方法。

保持开朗心态

人生之路并不是坦途一条,获得幸福之路也不是畅通无阻的。人生有顺逆境之分,幸福的取得也有难易之分。但不管在怎样的条件下,人们都不应放弃对幸福的追求。在顺境中,人们以舒畅的心情谋求幸福;在逆境中,人们依然应当坚韧不拔地追求幸福。幸福既可以在顺境中顺利地实现,也可以在逆境中艰难地获得。

在逆境中有希望,人们只要抓住这种希望,并把它当作动力,就能够在逆境中崛起。历史上许多伟大人物都是在逆境中顽强奋斗并做出成就的。他们的一大优点就是,以乐观的心态直面挫折。俄国 19 世纪的伟大思想家车尔尼雪夫斯基认为,历史的道路不是涅瓦大街上的人行道,它完全是在田野中前进,有时穿过尘埃,有时穿过泥泞,有时横渡沼泽,有时越过丛林。

历史的发展告诉人们,事业不可能一帆风顺,会遇到各种困难和挫折,必须坚信**"事情还会有转机"**的乐观心态,才能战胜挫折争取成功。同样,在人生的征途中,在幸福之路的行程中,在创业的道路上,也会遇到各种形式的困难和挫折,因此要保持开朗心态。

一位商界成功人士说:"我从小到大都不是一个品学兼优的孩子,但我从不因此就放弃自己,儿是遇到困难、挫折,我就告诉自己,要乐观点,明天就会好的。有些人碰到失败就认定自己的能力不足,认为自己注定一生都是一个失败者。这样的观念只会限制你原本未发挥的潜能,成为你成功的绊脚石。我认为什么事情都应该尝试一下,无论如何先做做看,这样,成功的概率就会大得多。"

心灵作家丹尼尔·史瓦兹在他的一本书中提到,人如果要获得真正的快乐,就必须要具备一颗乐观、开朗的心,即使身处逆境也要时时觉得自己很幸运。他说:**"把全部注意力集中在错误的事情上,并不能解决问题,更无法使你的心情愉快。"**

真正要品味生活的人,就要先训练自己,不论遇到任何情况都要做正面的思考,总是相信事情还会有转机。这样便可以创造正面的人生观,帮助我们抵挡对失败的恐惧。

有多少人每天早上起床是微笑的？**乐观的人都有个特征，他们总是面带微笑。**笑其实真的是一种很好的缓解工具，我们可以借哈哈大笑来吸入更多的新鲜空气，然后把不开心的废气一吐而净。

乐观两个字说起来很简单但做起来并不是那么容易的。首先，你必须学会在黑暗中发现光明。**一位母亲告诉他的儿子，天真的很黑的时候，星星就要出现了。**

如果保持开朗的心境不那么容易做到，你就和乐观的人交朋友吧，他们积极向上的人生态度会感染你，使你在不知不觉中变得开朗了。

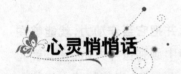

心灵悄悄话

人生之路并不是坦途一条，获得幸福之路也不是畅通无阻的。人生有顺逆境之分，幸福的取得也有难易之分。但不管在怎样的条件下，人们都不应放弃对幸福的追求。在顺境中，人们以舒畅的心情谋求幸福；在逆境中，人们依然应当坚韧不拔地追求幸福。幸福既可以在顺境中顺利地实现，也可以在逆境中艰难地获得。

做人——俯首甘为孺子牛

锲而不舍，金石可镂

锲而不舍，金石可镂是一种健康的性格，是一种宝贵的精神，是通往理想的金桥，是攀登高峰的云梯，是每一个优秀者的必备品质。它对推动个人的成长及事业的成功具有巨大的决定作用。

1956年哈默购买了西方石油公司。当时为控制油气资源而进行的竞争十分激烈。美国的产油区被大的石油公司瓜分殆尽，哈默一时无从插手。1960年他花费了1000万美元勘探基金却毫无所获。这时一位年轻的地质学家提出，旧金山以东一片被德士古石油公司放弃的地区可能蕴藏着丰富的天然气资源，他建议哈默公司把它买下来。于是哈默重新筹集资金在被别人废弃的地方开始钻探，当钻到262米深时，终于钻出了价值2亿美元的加州第二大天然气田。

日本名人市村清池，在青年时代曾担任富国人寿熊本分公司的推销员，每天到处奔波拜访，可是连一张合约都没签成，因为保险在当时是很不受欢迎的一种行业。

连续68天除了少数的车马费外，他没有领到薪水，就连最基本的生活都保障不了。到了最后，已经心灰意冷的市村清池就同太太商量准备连夜赶回东京，不再继续拉保险了。此时他的妻子却含泪对他说：一个星期，只要再努力一个星期看看，如果真不行的话……

第二天，他又重新打起精神到某位校长家拜访，这次终于成功了。后来他曾描述当时的情形："我在按铃之际所以鼓不起勇气的原因，是已经来过七八次了，对方觉得很不耐烦，这次再打扰人家一定没有好脸色让我看。哪知道对方这个时候已准备投保了，而且是只差一张契约还没签而已。假如在那一刻我过门不入，我的那张契约也就签不到了。"

在签了那张契约之后，又接二连三有不少契约接踵而来，而且投保的人

93

也和以前完全不同，都主动表示愿意投保。许多人的自愿投保给他带来了无人可比的勇气与精神，在一月内他就一跃成为富国人寿推销员中的佼佼者。

"锲而舍之，朽木不折；锲而不舍，金石可镂。"金石比朽木的硬度强多了，不要因为它硬，你就放弃雕刻，那样等待你的永远只能是失望；只要锲而不舍地镂刻它，天长日久，是完全可以雕出精美的艺术品来的。成功不也是这样吗？只要你努力地追求，就一定能品尝到胜利的硕果。

有许多功亏一篑而没有成功的事情都是因为少了一份坚持，少了一份忍耐。须知，成就任何一项事业，遇到一时的挫折或失败都是难免而正常的，但绝不是不可战胜的。

以坚忍成就辉煌

坚韧不屈是坚强性格的最大特征，拥有这种性格的人，美丽的桂冠必将为其所摘，光明之门必将为其打开，因为失败只是垫脚石，只是开辟成功的过程。

居里夫人就是这种性格，她几十年如一日孜孜不倦地探索、试验，终于把"镭"带给了全人类。同时也告诉了人们一个事实：只有坚忍的性格，锲而不舍地追求才能成就伟大的事业。

谈到居里夫人，人们马上会想到她在科学上的巨大成就，而且也会想到她曾两次获得诺贝尔物理学奖，是世界上一位卓越的女科学家。而这些成功的一部分动力正是其坚韧不屈的性格。

居里夫人名玛丽，出生在波兰一个贫穷的教师家庭。也许是家庭的贫困造就了玛丽坚强不屈的个性，以至于日后在人类科学史上留下崇高的身影。

玛丽的家境虽然贫寒，但却陶冶了她良好的情操和勤奋的求知欲。她自幼聪明、刻苦，中学毕业后，由于母亲过早地去世和父亲年迈退休，年轻的玛丽不得不辍学出外谋生,去离华沙100公里的田产管理人Z先生家当家庭教师。但这并没能消磨玛丽勤奋刻苦的求学精神。

Z先生一家都对玛丽的工作很满意,他们尊敬她,到了她的生日,他们还送她鲜花和礼物。Z先生的长子卡西密尔恋上了这个聪明娴雅的女教师,而玛丽也喜欢上了这个漂亮且讨人喜欢的学生。谁知,二人的恋爱竟遭到了Z先生一家的竭力反对。他们认为,卡西密尔是他们最爱的孩子。他是很容易娶到当地门第最好而且最有钱的女子的,现在竟会选中一个一文不名的女子,难道他疯了吗?卡西密尔受到严厉的斥责之后,动摇了决心,他是个没有什么个性的青年。玛丽感到了富人对她的轻视,觉得很痛苦,她打定了主意,永远不再想到这次恋爱。一个性格坚忍的人越是在遭受打击时就越发变得顽强。为了使父亲不为此伤心,为了每月能给求学的二姐以资助,个性坚强的玛丽忍受了莫大的屈辱,继续在Z先生家工作,直至1889年才到了华沙另一位富有的F先生家中。

1891年,24岁的玛丽终于结束了长达近6年的单调的家教工作,坐上了开往巴黎的火车,开始了她光辉灿烂的新生活。她也许没有想到,她从此迈进了一个崭新的、广阔的世界,并改变了她的一生。这年11月,她兴奋地踏进了著名的法兰西共和国理学院。入学后,她如饥似渴地刻苦学习,而对那些温情脉脉亲近她的青年人毫不感兴趣,她发誓保持独立的生活,不再谈恋爱。每次考试,她都成绩优异、名列前茅。

后来玛丽同法国著名物理学家彼埃尔·居里结婚。彼埃尔·居里是一位天才的学者,他在国内几乎默默无闻,但已经深为外国同行所推崇。他从小向往科学,思维独特,19岁时,就被任命为巴黎大学理学院德山教授的助手。

彼埃尔和玛丽结婚后,生活很拮据,但他们志同道合,相亲相爱,在十分艰苦的条件下进行着科学试验,而且配合得天衣无缝。当时在欧洲没有人对铀射线做过深入的研究,但居里夫妇认为,科学必须开拓无人走过的路,不然就不叫科学研究,于是他们选择铀射线为题目,探索铀沥青矿里第二种放射性的化学元素。他们买不起这种原料矿苗,就想利用廉价的铀沥青残渣。几经周折,他们用自己的钱买到了矿渣。原料有了,却没有实验室,向市政府申请却遭到拒绝后,他们只得在理化学校借到一间堆置废物的厂棚。在这间破烂屋子里,他们习惯了酷暑和严寒,使用着极其简单的工具,把残渣弄碎加热，忍受着刺鼻的气味，连续几个钟头搅动大锅里的溶液，居里夫人是学者、技师，同时也是苦力。夫妇二人以超人的毅力一公斤一公斤地提炼了成吨的沥青矿渣，经过无数次的失败，反复地分析、测定和试验，终于在第8吨的铀沥青残渣中，先后发现了钋和镭两种天然放射性元素，从而为促进原子能科学的发展起了重要的推动作用。而这一切没有坚韧的性格和巨大的勇气是绝对做不到的。

钋和镭的发现，轰动了世界，居里夫妇每天收到大批的信件，全世界都为这项空前的业绩感慨万端。玛丽和彼埃尔声誉鼎沸，1903年12月他们获得了诺贝尔物理学奖。

正当他们在科学高峰上勇敢攀登、取得一个又一个胜利的时候，一个震惊世界的不幸事件发生了，当彼埃尔通过道芬街前往巴黎科学院时，被一辆拉货的马车撞倒了，他的颅骨被压坏，当场丧命。

彼埃尔的遇难，像晴天霹雳，使玛丽遭受了一场难以支撑的打击。那年，她38岁，丈夫的去世使她失掉的不仅是日夜相伴的爱人，而且是在科学研究的艰苦道路上共同奋斗的亲密战友。她伤心，她难过。

但居里夫人毕竟不是一般女性，她有着坚韧的个性，残酷的打击并没有击倒这位坚强的女科学家。她在处理完丧事之后，毅然鼓起勇气，担负起彼埃尔遗留下的工作。除完成繁重的教学任务和指导实验之外，她还埋头整理丈夫的笔记和遗稿，继续进行放射性元素的研究工作。

"镭的发现将创造出亿万财富"。如果居里夫妇呈报专利的话，他们将从世界各国得到制镭的专利费。但是，他们没有这样做。玛丽和彼埃尔认为，科学应当属于全人类，毅然毫无保留地公布了他们苦心研究的成果。结果首先向居里夫妇要求提炼镭的实业家发了大财。20世纪20年代初期，一克镭的价格高达10万美元。30年代，加拿大发现了铀矿之后，爆发了一场价格战。一项卡特尔协定于1938年规定，一克镭的最低价格为2.5万美元，可想而知，如果居里夫妇索要专利，可以获得巨大的财富。然而，他们做出的不要专利的决定，既符合他们所遵循的基本原则——大公无私，也符合科学精神。

居里夫人胜不骄，败不馁，这种坚韧不拔的个性永远鞭策着她勇往直前。她的研究成果，再次受到世界科学界的重视。1911年年末，瑞典科学院的评判委员会,再次授予居里夫人诺贝尔化学奖,她还取得了"镭王后"的称号。

玛丽两次获得20世纪学者的最高荣誉,多次获得国家奖金,获得了世界上上百个名誉头衔,堪称独步科学界。在荣誉面前,居里夫人只有一句话:**"在科学上我们应该注意事实,不应该注意人的等级观念。"**即使是论功行赏,她也始终以一颗平常心而视之。正如爱因斯坦所说的:**"在所有的著名人物中,居里夫人是唯一不为荣誉所颠覆的人。"**

一个伟大的发现,一种传遍世界的声望,两次诺贝尔奖,使当时许多人钦羡玛丽,也因此使许多人仇视她。恶毒的诬蔑,像一阵突如其来的狂风一样,扑到她身上,并且企图毁灭她。但这一切并没有击倒居里夫人,生就坚韧不屈的个性,使她倔强地挺立着。

居里夫人无疑是世界上最伟大的科学家之一,这成功归根结底来自她坚忍不屈的个性,丈夫的死难,灭国之辱,学术界上险恶之徒的攻击,这一切都没能阻止居里夫人的孜孜探求。个性坚韧的居里夫人顶住了痛苦、侮辱,终于把自己的巨大科学成就留给了后人。

心灵悄悄话

"锲而舍之,朽木不折;锲而不舍,金石可镂。"金石比朽木的硬度强多了,不要因为它硬,你就放弃雕刻,那样等待你的永远只能是失望;只要锲而不舍地镂刻它,天长日久,是完全可以雕出精美的艺术品来的。成功不也是这样吗?只要你努力地追求,就一定能品尝到胜利的硕果。

沧海横流方显英雄本色

没有人能给人生贴上永久顺利的标签,但面对逆境的选择却各有差异:懦弱者尽尝烦恼,度日如年;畏难者磨去锐气,把逆境作为安逸的摇篮;有志者自强不息,面对似乎是毫无希望的境遇,在逆境时间的荒野上开掘孕育价值的沃土。

逆境生活是一部深奥丰富的人生教科书。它吞噬意志薄弱的失败者,而常常造就毅力超群的成功者。逆境并非绝境,在人类历史的长河中,"坦途在前,又何必因为一点小障碍而不走路"呢?!

逆境往往能使人更加深刻理解时间的价值和意义,具有更多的时间安排的灵活性,更好地促进人去珍惜利用。**时间是"逆境"转为"顺境"的神奇的纽带。**究其原因是逆境能激发出平时蓄积的生命势能。

逆境可以使人产生清醒的自我意识。一个人对自我的行为进行反思往往需要时间与环境,在逆境中,就常常能**"冷眼向洋看世界"**,相对比较冷静,会比较客观地分析自己的利弊长短、成败得失、优势和不足,并能够在较短的时间里选定聚焦突破的方向。已经付了的"学费",比较容易转化成对生活理解的真知灼见。因此,逆境是一所学校,它教人聪明,给人学问。身处逆境而能认真总结生命的足迹,大大缩短了走向成功的时间。

逆境能培养人难能可贵的意志力量。**长期的逆境生活可以锤炼人不舍之功的长期性,凝就毅力的持久性,培育出耐心、恒心、韧性和悟性。**在人生的搏击中,往往毅力比智力更宝贵。"锲而不舍,金石可镂","飞瀑之下,必有深潭",时间的效率只有持之以恒,穷追不放才能获得,而功在不舍。锲而不舍的精神,常常在逆境的磨炼中才能造就。身处逆境者应该时时想到,思想的波涛已经到了悬崖口上,再前进一步,就会变成宏伟壮观的瀑布,以此不断自励,终能迎来光明的未来。

此外,逆境还能加快人的各种必备素质重新组合的速度。作为青少年,

做人——俯首甘为孺子牛

应该具备自信性、自主性、决断性、创造性等素质,在逆境的条件下,这些素质都会一个接一个对身处逆境者提出挑战,进行考验。如何超越历史的陈迹、超越环境的束缚、超越社会的不尽如人意、超越自身的弱点等,这些人生的价值选择都必须面对,需要在沉思中作出判断抉择。因此逆境不仅能培养出成功人士的各种素质,而且能使青少年的素质和重新组合速度加快,并产生新的素质组合的合力。

耐人咀嚼的《菜根谭》说:**"横逆困劳,是锻炼豪杰的一副炉锤,能受其锻炼者则身心受益;不受锻炼者则身心受损。"**这说明,成功的人驾驭生活的技巧和主宰人生风波的能力,是从现实生活中磨砺出来的。

孟子曾经说过:**"天将降大任于斯人也,必先苦其心志,劳其筋骨,饿其体肤,空乏其身。行拂乱其所为,所以动心忍性,增益其所不能。"**这句话是说,只有经过艰难曲折的磨炼,"斯人"才能承担"大任"。国外对此也有类似的说法,如"碰壁是能力考验和提高的机会","困难是晋升到高层次的踏脚石"等。

有作为,发展提高很快的成功人士都是些不甘寂寞,勇于在风雨中锻炼的人。他们投身到困难重重,甚至窘迫的事业中,在与风雨搏斗中得到成长。所以有人说"困难是最伟大的教科书与老师"。

"好事多磨","不受磨难不成佛",说透了这个深刻的道理,渗透了人生成功的真谛。大凡伟人的事业都是在艰巨的磨难中完成的。

自然界有时给经营者提供生动的启示,它仿佛是一位饱经沧桑的哲人,为他们指点迷津。马尔藤博士曾这样说,在风平浪静的湖面上荡舟,用不着多少划船技巧和航行经验。只有当海洋被暴风雨激怒,浊浪排空,怒涛澎湃,船只面临灭顶之灾,船中人相顾失色、惊恐万状之时,船长的航海能力才能被试验出来。

古有"乱世出英雄"之说,历史上几乎所有的英雄豪杰都在暴风骤雨的时代才涌现出来。大凡一个杰出的人物,都产生在重重的磨难里,产生在十分恶劣的人生境况之下。在阳光和煦的温柔之乡,在充满欢歌笑语的杯盏之下,在醉生梦死的享乐之中,不可能陶冶出杰出的伟人。

人生的风雨是立世的训谕,恶劣的境遇是人生的老师。杰出的企业家大多出生于困厄之家,其杰出的成就也大多伴随着险恶的人生。所以,《圣经·新经》启示人通过逆境去争取幸福。孟子谆谆告诫世人:**生于忧患而死**

于安乐。

历史上的许多名人也只有到了除去他自己的勇气与耐心之外，别无所有之时；到了大祸临头，濒临绝境，必须谋求死里逃生之时，才显示出他伟人的人格和无坚不摧的力量。

伟人之所以是伟人，就在于他们超越了苦难，战胜了险阻。人生之所以有意义存在。亦在于人生对苦难的超越和对险阻的战胜。

去经受风雨的考验吧，从风雨中走出来的企业家才可能成为经营中真正的强者。

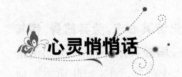

心灵悄悄话

古有"乱世出英雄"之说，历史上几乎所有的英雄豪杰都在暴风骤雨的时代才涌现出来。大凡一个杰出的人物，都产生在重重的磨难里，产生在十分恶劣的人生境况之下。在阳光和煦的温柔之乡，在充满欢歌笑语的杯盏之下，在醉生梦死的享乐之中，不可能陶冶出杰出的伟人。

做人——俯首甘为孺子牛

第六篇 宽容：相逢一笑泯恩仇

　　宽容是一种健康的性格。唯宽可以客人，唯厚可以栽物；有容乃大，不容无物。几句风趣话，多些宽容心，一个人必须要有容人之量。在一定意义上说，一个人能容多少人，他就能成就多大的事。如果连一个人也不能容忍，那他也只能顾影自怜、孤芳自赏，即使天下奇才如爱因斯坦等也是如此。如果一个人能够容纳天下的人，那就可以做大事。

　　豁达是一种超脱，是自我精神的解放，人要是成天被名利缠得牢牢的，把得失算得清清的，是多么的累！人肯定要有追求，追求是一回事，结果是一回事。

放弃怨恨

让自己学会宽容，学会放弃怨恨，只有这样，你的生命中才会充满更多的快乐，也才有可能洒满更多朋友爽朗的笑声。

报复怎么会伤害你呢？

根据《生活》杂志的报道，报复甚至会损害你的健康。"高血压患者最主要的特征就是容易愤慨，"《生活》杂志说，"**愤怒不止的话，长期性的高血压和心脏病就会随之而来。**"

现在你该明白耶稣所谓"爱你的仇人"不只是一种道德上的教训，而且是在宣扬一种20世纪的医学。他是在教导我们怎样避免高血压、心脏病、胃溃疡和许多其他的疾病。

当耶稣说"爱你的仇人"的时候，他也是在告诉我们：怎么样改进我们的外表。有这样一些女人，她们的脸因为怨恨而有皱纹，因为悔恨而变了形，表情僵硬。不管怎样美容，对她们容貌的改进，也不及让她心里充满了宽容、温柔和爱所能改进的一半。

怨恨的心理，甚至会毁了我们对食物的享受。圣经上说：

"怀着爱心吃菜，也会比怀着怨恨吃牛肉好得多。"

要是我们的仇家知道我们对他的怨恨使我们精疲力竭，使我们疲倦而紧张不安，使我们的外表受到伤害，使我们得心脏病，甚至可能使我们短命，他们不是会额手称庆吗？

即使我们不能爱我们的仇人，至少我们要爱我们自己；我们要使仇人不能控制我们的快乐、我们的健康和我们的外表。

就如莎士比亚所说的："不要因为你的敌人而燃起一把怒火，热得烧伤你自己。"

当耶稣基督说，我们应该原谅我们的仇人"七十个七次"的时候，他也是在教我们怎样做生意。

我们也许不能像圣人般去爱我们的仇人，可是为了我们自己的健康和快乐，我们至少要原谅他们，忘记他们，这样做实在是很聪明的事。

要培养平安和快乐的心理，请记住这条规则：

让我们永远不要去试图报复我们的仇人，因为如果我们那样做的话，我们会深深地伤害了自己。让我们像艾森豪威尔将军一样，不要浪费一分钟的时间去想那些我们不喜欢的人。

如果你救了一个人的命，你是不是希望他感谢你呢？可能会。

山姆·里博维兹在任法官之前是一个有名的刑事律师，曾经救过78个人的命，使他们不必坐上电椅。你想这些人中有多少个会感谢山姆·里博维兹，或者只送他一张圣诞卡？

至于钱的问题，这就更没希望了。查尔斯·舒万博曾经说过，有一次他救了一个挪用银行公款的出纳员。那个人把公款花在股票市场上，舒万博用自己的钱救了那个人，让他不至于受罚。那位出纳员感激他吗？不错，有很短的一阵子。

然后他就转过身来辱骂和批评舒万博——这个让他免于坐牢的人。

事情就是这样，人总归是人，在他有生之日恐怕不会有什么改变。所以何不接受这个事实？为什么不认清现实，像统治过罗马帝国的那个聪明的马尔卡斯·阿理流士一样。他有一次在日记里写着："我今天要去见那些多嘴的人——那些自私、以自我为中心、丝毫不知感激的人。可是我既不吃惊，也不难过，因为我无法想象一个没有这种人的世界。"

这话很有道理，要是你到处怨恨别人对你不知感激，那么该怪谁呢？是该怪人性如此，还是该怪我们对人性不了解呢？让我们试着不要指望别人报答，那么，如果我们偶然得到别人的感激，就会是一种意外的惊喜；如果我们得不到，也不会为这点难过。

对待恩怨的第一个要点是，**人类的天性是容易忘记感激别人**，所以，如果我们施一点点恩惠都希望别人感激的话，那一定会使我们大为头痛。

第二个要点是，**如果我们想得到快乐，我们就不要去想感恩或忘恩，而只享受施予的快乐。**

几千年来做父母的一直为儿女的不知感恩而非常的伤心。

做人——俯首甘为孺子牛

就是莎士比亚笔下的李尔王也说:"一个不知感激的孩子比毒蛇的牙还要尖利。"

可是孩子们为什么应该心存感激呢——除非我们教他们那样。忘恩是人类的天性,就像野草一样,而感恩却像一株玫瑰,必须施肥、浇水,给它教养、爱和保护。

如果我们的子女忘恩负义,应该怪谁呢? 也许应该怪我们。如果我们从来没有教过他们怎么对别人表示感恩的话,我们又怎么能希望他们对我们表示感恩呢?

我们必须记住:**子女们的行为完全是由父母造成的。**

所以我们还要记住:要教出感恩图报的孩子,就要自己先懂得感恩。要注意我们自己说的话。

要避免因为别人不知感激而引起的难过和忧虑,请记住这三条:

1. 不要因为别人忘恩负义而不快乐,要认为这是一件自然的事。

让我们记住:耶稣基督在一天之内治愈了十个麻风病人,而只有一个人感谢他。为什么我们希望得到比耶稣基督更多的感恩呢?

2. 让我们记住找到快乐的唯一方法,就是施恩勿望报,只为施予的快乐而施予。

3. 让我们记住感恩是"教化"的结果。

如果我们希望我们的子女能知道感激,我们就要训练他们这样做。

心灵悄悄话

几千年来做父母的一直为儿女的不知感恩而非常的伤心。感恩像一株玫瑰,必须施肥、浇水,给它教养、爱和保护。如果我们的子女忘恩负义,应该怪谁呢? 也许应该怪我们。如果我们从来没有教过他们怎么对别人表示感恩的话,我们又怎么能希望他们对我们表示感恩呢?

豁达地面对一切

豁达是一种博大的胸怀,是一种超然洒脱的性格,也是人类个性最高的境界之一。一般说来,豁达开朗之人比较宽容,能够对别人有不同的看法、思想、言论、行为以至对他们的宗教信仰、种族观念等都加以理解和尊重。不轻易把自己认为"正确"或者"错误"的东西强加于别人。他们也有不同意别人的观点或做法的时候,但他们会尊重别人的选择,给予别人自由思考和生存的权力。

人这一辈子,也不过百年,与其悲悲戚戚、郁郁寡欢地过,倒不如痛痛快快、潇潇洒洒地活。可人生一世,那么多的风风雨雨,坎坎坷坷,怎样才能活得精精神神的? 拥有豁达的性格就是最大的奥秘。

豁达是一种超脱,是自我精神的解放,人要是成天被名利缠得牢牢的,把得失算得清清的,是多么的累! 人肯定要有追求,追求是一回事,结果是一回事。你要记住一句话:事物的发生发展都必须符合时空条件,有"时"无"空",有"空"无"时"都不行,那你就得认了。人活得累,是心累,常唠叨这几句话就会轻松得多:"功名利禄四道墙,人人翻滚跑得忙;若是你能看得穿,一生快活不嫌长。"

豁达是一种开朗。豁达的人,心大,心宽,悲痛的情绪,都在嬉笑怒骂、大喊大叫中撕了个粉碎。我们要按生活本来的面目看生活,而不是按着自己的意愿看生活。风和日丽,你要欣赏,光怪陆离,你也要品尝,这才自然,你就不会有太多的牢骚,太多的不平。不过,"月有阴晴圆缺"对谁都一样,"十年河东,十年河西",一切都会随着时间的推移而变化。阴阳对峙,此消彼长,升降出入,这就是生机,拿这大宇宙,看你这个小宇宙,你能超越得了

豁达是一种自信,人要是没有精神支撑,剩下的就是一具皮囊。人的这种精神就是自信,自信就是力量,自信给人智勇,自信可以使人消除烦恼,自信可以使人摆脱困境,有了自信,就充满了光明。豁达的人,必是一条敢作

也敢为的汉子，那种佝偻着腰杆，委曲求全的人，绝不是自家兄弟。

豁达不是李逵式的自我流露，豁达是性格中最美好的因子，是一种至高的精神境界，说到底是对待人世的态度。苏东坡一生颠沛流离，却是"猝然临之而不惊，无故加之而不怒"。沈从文也好，马寅初也好，一些伟人的跌宕起伏也好，对于人生的种种不平、不幸，都被其博大的胸襟和知识学问所涵盖，以及由善良、忠直、道义所孕育的不屈不挠的生命力所战胜

坦坦荡荡，大大方方，巍巍峨峨，正正堂堂。

雄雄赳赳，磅磅礴礴，轰轰烈烈，辉辉煌煌。

郭沫若这首诗是歌颂天安门的，也是对豁达性格的赞美。

古人曾经说过："人有德于我也，不可忘也；吾有德于人，不可不忘也。"别人对我们的帮助千万不可忘记，别人若有愧对我们的地方也应该乐于忘记。老是对别人的坏处念念不忘的人，实际上受伤害最深的是他自己的心灵。这种人轻则内心充满抱怨，郁郁寡欢；重则自我折磨，甚至不惜疯狂报复，酿成大错，而那些"乐于忘记"的人不仅忘记了自己对别人的好，更难得的是他们忘记了别人对他们的不好，因此，他们可以甩掉不必要的包袱，无牵无挂地轻松前进。

一个具有豁达大度、宽宏大量性格的人最容易与别人融洽相处，同时也最容易获得朋友。古今中外因为有容人之量而获得他人的颂扬的例子数不胜数。

唐高宗时期，有个吏部尚书叫裴行俭，家里有一匹皇帝赐予的好马和一个珍贵的马鞍。他有个部下私自将这匹马骑出去玩，结果摔了一跤，摔坏了马鞍，这个部下非常害怕，连夜逃走了。裴行俭不但派人把他找了回来，而且没有责怪他。

又有一次，裴行俭带兵去平都支援李遮匐，结果获得了许多有价值的珍宝，于是就宴请大家，并把这些有价值的珍宝拿出来给客人看，其中有人把一个非常漂亮的玛瑙拿出来时不小心给打碎了，顿时害怕得不得了，伏在地上叩头请罪。裴行俭说："你不是故意的，起来吧。"

因为具有容人之量，受损的一方并没有因自己的损失而大发雷霆，而相反表现出宽宏大量、毫不计较的美德和风度。

可见，豁达大度是一种超脱，是自我性格力量的解放，是天高云淡，一片光明；也是一种理念，一种至高的精神境界。

《论语》中记载了孔圣人有大海般胸怀的种种言行。他说自己"吾少也贱，故多能鄙事"，由于孔子年轻时家庭贫苦，所以各种低贱的事都能干。他说"生而知之者上也"，但说自己"我非生而知之者，好古，敏以求之者也"。他的这种包容万能的好学精神是无所不在的。他说：**"三人行，必有我师焉，择其善者而从之，择其不善者而改之。"**有一次，楚国大臣叶公问他的学生子路，你的老师到底是怎样的一个人？子路一时难以说清，只好回去请教孔子，孔子便说："汝奚不曰：其为人也，发愤忘食，乐以忘忧，不知老之将至，云尔。"其意是说，你何不说：我的老师热衷于学问，有时连饭都忘了吃；如果对一件事感兴趣，就会不知厌倦，而忘掉了一切烦恼忧愁；并且从来不感到自己已渐渐老了，如此等。孔子待人，更是具有标准的忠恕精神。他的学生说，老师温和中又有严厉，相貌威严但不猛烈，恭敬又不使人受拘束。他自己的观点是**"己所不欲，勿施于人"**，可以说从不主观处理任何事情。对于世人梦寐以求的富贵，他却有自己独特的观念"不义而富且贵，于我如浮云"。由此可见，孔子称之为圣人，真是受之无愧。

在为人交往的过程中，人与人之间由于认识水平不同，有时会造成误解经常会产生矛盾。**如果我们能有较大的度量，以谅解的态度去对待别人，这样就会赢得时间，矛盾得到缓和。**相反，如果度量不大，即使芝麻大的小事，相互之间也会争争吵吵，斤斤计较，最终伤害了感情，也影响了友谊。

豁达大度说起来容易，实则做起来很难。它要求人们在社交场上，必须抑制个人的私欲，不为一己之利去争、去斗，也不能为了炫耀自己而贬低他人。

偏见往往会使一方伤害另一方。如果另一方耿耿于怀，那关系就无法融洽。反之，受害的一方具有很大的度量，能从大局出发，这样就会使原先持偏见者，在感情上受到震动，导致他转变偏见，正确待人。

历览古今中外，大凡胸怀大志，目光高远的仁人志士，无不大度为怀；反之，鼠肚鸡肠、竞小争微、片言只语也耿耿于怀的人，没有一个是有大作为的。

古人常说：**"将军额上能跑马，宰相肚里可撑船。"** 佛界也有一副名联：**"大肚能容，容天下难容之事；开口常笑，笑世间可笑之人。"** 这些名句、名联正是告诫人们，为人处世要豁达大度。

只要有一种看透一切的胸怀，就能做到豁达大度。把一切都看作"没什么"才能在慌乱时，从容自如；忧愁时，增添几许欢乐；艰难时，顽强拼搏；得意时，言行如常；胜利时，不醉不昏，有新的突破。只有如此放得开的人，才能算得上豁达大度的人，才能尽显气度与风范，并更好地赢得他人的尊敬。

豁达性格，简言之，就是遇事拿得起，放得下，想得开，过得去。 顺其自然，不过度、不强求。把握机缘，不刻板、不慌乱。人既共处于群体之中，又孤独于群体之外。时有所得，时有所失；时而欢欣，时而哀怨。人的一生总在矛盾和是非中起伏、摇摆，直至生命终结。练就豁达，唯有宽容。化解矛盾，转危为安。当然，自己慰藉受伤害的心灵，这也并非易事。心理学讲，界定人的幸福安宁与否，豁达同样是一条标准，倘使不去修养锤炼豁达性格，一切也许会适得其反，事与愿违。人们都知道"性格决定命运"，豁达的性格，自然会让人交好运，驾驭自己的人生，记得四川青城山的山门，有一副对联：**"事在人为，休言万般皆是命；境由心造，退后一步自然宽。"** 言辞非常贴切，是对"豁达"性格的形象诠释。一个人当真练就豁达的性格时，便有了**"会当凌绝顶，一览众山小"** 的胸怀了，运筹帷幄，把握生机，心地坦荡，顺应自然。

心灵悄悄话

只要有一种看透一切的胸怀，就能做到豁达大度。把一切都看作"没什么"才能在慌乱时，从容自如；忧愁时，增添几许欢乐；艰难时，顽强拼搏；得意时，言行如常；胜利时，不醉不昏，有新的突破。只有如此放得开的人，才能算得上豁达大度的人，才能尽显气度与风范，并更好地赢得他人的尊敬。

横看成岭侧成峰

生活中有不少人会整日为一些鸡毛蒜皮的小事，为别人的几句闲言碎语，或为自己的不幸而长吁短叹、忧心忡忡……人生在世，总难免会遭遇不愉快，难免会遭遇挫折或不幸，如果一味沉湎于痛苦，总是哭丧着脸度过日子，生活无疑会凄凉、痛苦、无奈的多。但如果能豁达一点、洒脱一点，学会换个角度，即学会从理性的方面想一想，便可让自己本来灰暗的心境变得亮堂起来。

世界上的事情总有明暗两面，我们感觉到的究竟是明还是暗，是欢乐还是痛苦，从本质上说，并不完全取决于处境，而主要取决于性格，取决于能否从光明的角度看问题。同一件事情，从这方面看是灾难，换一个角度看未尝不是一种值得高兴的幸运。

有一次，曾担任过美国总统的罗斯福家里不幸失盗，被偷走了许多东西。一个朋友闻讯后，特意写信安慰他。罗斯福给朋友回信时是这样说的："亲爱的朋友，谢谢你来信安慰我，我现在很快乐。感谢上帝，因为第一，贼偷去的是我的东西，而没有伤害我的生命；第二，贼只偷去了我的部分东西，而不是全部；第三，最值得庆幸的是，做贼的是他，而不是我。"

这是多么乐观的一个人！如果此时一味地陷入愤怒、难过的情绪里，也只能是于事无补。换个角度看问题，无疑是一种人生智慧，也是一门幽默的生活艺术，通过自我安慰实现自娱，化愤怒为快乐，使失望变成希望。

下面是一个发生在教室里的故事：

一位老师走进教室后，默不作声地在白板上点了一个黑点。然后，他考问班上的学生："这是什么？"大家都异口同声地回答说："一个黑点。"老师故作惊讶地说:"只有一个黑点吗？这么大的白板大家都没有看见?"

　　试想:你看到的又是什么？就我们每个人来说,每个人身上都有一些缺点,但是你看到的是哪些呢？是否只看到别人身上的"黑点",却忽略了他拥有的一大片的白板(优点)？其实,**每个人的优点都比缺点多得多。如果我们发现别人缺点的时候,不妨换一个角度想一下别人的优点。**那样,便会少点责备,多些宽容!

　　任何事情都有两面性,有利也有弊。换个角度,便会有不一样的发现。

　　一个老太太有两个女儿,大女儿嫁给一个开雨伞店的,二女儿嫁给了一个开洗衣店的。这样,老太太晴天怕大女儿家雨伞卖不出去,雨天又担心二女儿家衣服晒不干,整天忧心忡忡。后来,有人对老太太说:"老太太,您真有福气,晴天二女儿家顾客盈门,雨天大女儿家生意兴隆。"老太太仔细一想,还真是! 从此,每天无忧无虑,过得十分快乐。

　　的确,凡事只要换个角度,积极地从好的一面去想,便能发现真正的快乐。如果我们执意地强求一些不可能的事,那岂不是跟自己过意不去吗？那又何必呢？

　　有一个小男孩在心情不好时喜欢靠着墙倒立。他说:"正着看这些人、这些事,我会心烦,所以我倒着看世界,觉得所有人、所有事都变得好笑了,我就会好过一点。"

　　烦恼时,你无法兼顾其他事物吗？**当人陷入绝境中,视野自然会变得狭小,往往只拘泥于自己烦心的事情,对其他事毫不关注。**一个人心情烦闷、忧愁时,更要暂时避开跟前的一切,不要钻牛角尖,应将注意力转移到别的事情上,进行角色互换,或许会有意想不到的收获。

　　"要是火柴在你的口袋里燃烧起来,那你应该高兴;要是你的妻子对你变了心,那你应该高兴,多亏她背叛的是你,而不是你的国家。"契诃夫的这段话启迪人们:即使有一千个理由哭泣,更要找出一万个理由微笑。

　　其实,人之所以不如意、不顺畅、不快活,既源于外在的社会环境,又来自内在的个人心理。**人生经历的每一件事,都是一种切身体验,一种心理感受**。但是,当外来的因素使个人的境遇有所改变,甚至无法通过自己的力量改变个人的生存状态时,只有运用自己的精神力量,让个人的心理感受,调适到最佳状态,而这种精神力量正是来源于豁达的性格。

为此,我们看问题时没必要钻牛角尖,自己跟自己过不去,如果我们尝试着去换个角度,事情可能就会完全改观。在实际中,如果我们能常怀豁达乐观的性格,随时换换看问题的姿势和角度,那么你会发现生活中的阳光是那样地充足与灿烂。

 **心灵悄悄话**

人之所以不如意、不顺畅、不快活,既源于外在的社会环境,又来自内在的个人心理。人生经历的每一件事,都是一种切身体验,一种心理感受。但是,当外来的因素使个人的境遇有所改变,甚至无法通过自己的力量改变个人的生存状态时,只有运用自己的精神力量,让个人的心理感受,调适到最佳状态,而这种精神力量正是来源于豁达的性格。

做人——俯首甘为孺子牛

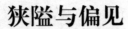

狭隘与偏见

孟德斯鸠说:人生而平等,根本没有高低贵贱之分。我们没有权力借后天的给予对别人颐指气使,也没有理由为后天的际遇而自怨自艾,在人之上,要视别人为人;在人之下,视自己为人。这是做人的一种基本姿态,也是为人的原则。

因此,**在任何时候,我们都应该摒弃对他人的狭隘与偏见,平等地待人。**

玫琳·凯是美国著名的管理专家,在她成名之前曾是一家化妆品公司的推销员。

有一次,她参加了一整天的销售练习,很渴望能和销售经理握握手,因为那位经理刚作了一篇十分鼓舞人们士气的演讲。玫琳·凯整整排了3个小时的队,好不容易才轮到她和那位经理见面。但遗憾的是,那位经理根本没有拿正眼看她,只是从她的肩膀上方望过去,看看队伍还有多长,甚至根本没有察觉他要与凯玫琳握手。玫琳凯等了3个小时,就获得了这样的一个接待!她觉得人格上受到了侮辱,自尊受到了伤害。于是她立志做一个经理:"如果有一天人们排队来和我握手,我将给每一个来到我面前的人全然的注意——不管我当时多么疲劳!"

后来,玫琳·凯的愿望真的成为现实。以她自己名字命名的化妆品公司终于成为一家具有相当规模的大企业,也有很多她的慕名者来找她握手,她确实始终坚持她以前曾发过的誓言。她说:"我有很多次站在长长的队伍前,与各种人士作长达数小时的握手,一旦感觉疲劳了,我总是想起自己从前排队和那位经理握手的情形,一想起他不正眼瞧我给我带来的伤害,我立即打起精神,直视握手者的眼睛,尽可能地说些比较亲近的话……"

在人之上,要视别人为人;在人之下,要视自己为人。这不仅是一个心态的问题,也是一个道德问题。其实,一个人对另一个人的态度在现实生活中的重要性是不言而喻的。

一天晚上,闲着无事的艾森豪威尔在营帐外散步。他看见一个士兵正在营帐背后黯然神伤,便走了过去,"嗨,看来我们是同病相怜啊,我的心情也特别不好,我们可以一起走走吗?"士兵看到艾森豪威尔的突然出现,原本很紧张,可万没想到这位尊敬的将军竟在他最需要朋友倾诉的时候会来邀他散步。自然他感到万分荣幸,他们的谈话也很放松。用这位士兵的话说:"那天晚上他不再是指挥千军万马的将军,我也不再是默默无闻的小兵,我们是无所不谈的朋友。"正是那次谈话,使这个一向都很悲观的士兵乐观了起来,在以后的战斗中显示了出奇的英勇。

英国女王维多利亚作为英国皇权至高无上的拥有者,一向都很傲慢。

一次,在和丈夫阿尔伯特亲王发生激烈口角的时候,也流露出了居高临下的语气,伤害了亲王作为男性的尊严。为了表示不满,亲王一句话也没有说就进了自己的房间,并把门紧紧地关了起来。几分钟之后,有人来敲门了。

"谁?"亲王气呼呼地道。

"我,快给英国女王开门。"维多利亚依旧傲慢地回答。

阿尔伯特一听,心里就不大受用,更别说开门了。隔了许久,敲门声再次响起,但这次温柔了许多,还听到一个声音轻轻地说道:"阿尔伯特,是我,维多利亚,你的妻子。"

房门打开了,怒气全消的阿尔伯特站在门口,两个人终于重归于好。

维多利亚女王把宫廷里的那一套架势,拿到两个人的世界来运用显然是错的。处于劣势地位的人们原本就很敏感,任何一点点异常的举动都会引起他们极大的注意,就像人们常说的那样,在矮个子面前别说短话,处于高位的人要照顾底下人的情绪。同时,**处于卑微地位的人们更应树立起自尊自强的信念,因为很多时候,如果连你自己都看不起自己的话,又怎么能让别人看得起你呢?**

松下幸之助在给他的员工培训时曾有过这样的一段论述:"不怕别人看不起,就怕自己没志气。人须自重,而后为他人所重。应该让人在你的行为中看到你堂堂正正的人格。"当然,自重并不仅在于不自卑,也在于不要在行为表现中玷污甚至丧失人格。

著名的成功学者戴尔·卡耐基在谈到人际交往时也曾提道:过分自卑,缺乏自信心的人,对人际关系谨小慎微、过于敏感的人,对他人批评过分的人以及完成工作任务后过分自夸的人等,都影响与他人交往。卡耐基曾指出:"指责和批评收不到丝毫效果,只会使别人加强防卫,并且想办法证明他是对的。批评也很危险,会伤害到一个人宝贵的自尊,伤害到他自己认为重要的感觉,还会激起他的怨恨。"所以,他建议不要指责别人,而要:"尝试着了解他们,试着揣摩他为什么做出他做的事情。这比批评更有益处和趣味,并且可以培养同情、容忍和仁慈。"

富兰克林说他做外交官成功的秘诀是:"尊重任何交往对象。我不会说任何人的缺点,我只说我认识的每一个人的优点。"

🦋 心灵悄悄话

过分自卑,缺乏自信心的人,对人际关系谨小慎微、过于敏感的人,对他人批评过分的人以及完成工作任务后过分自夸的人等,都影响与他人交往。指责和批评收不到丝毫效果,只会使别人加强防卫,并且想办法证明他是对的。批评也很危险,会伤害到一个人宝贵的自尊,伤害到他自己认为重要的感觉,还会激起他的怨恨。

相逢一笑泯恩仇

智者一切求诸己,愚者一切求诸人。**心胸宽广的如和煦春风,万物逢之便生;心胸狭窄如阴风朔雪,万物逢之枯零**。经常擦拭自己的心窗,使它不为灰尘所蒙蔽,窗明如镜,才能眺望得更高更远。

生活中因误解或种种原因,而出现"敌手"的事情是时而有之的,有"敌手"必然会引起心情的不快,并在诸多方面形成障碍。那么,懂得如何化解,便是十分宝贵的。大度性格是解除疙瘩的最佳良药。

唐朝宰相陆贽,有职有权时,曾偏听偏信,认为太常博士李吉甫结党营私,便将其贬到明州做长史。不久,陆贽被罢相,贬到了明州附近的忠州当别驾。继任宰相明知李、陆有私怨,便玩弄权术,特意提拔李吉甫为忠州刺史,让他去当陆贽的顶头上司,意在借刀杀人,通过李吉甫之手把陆贽除掉。不想李吉甫不记旧怨,上任伊始,便主动与陆贽把酒结欢,使那位现任宰相借刀杀人之计成了泡影。对此,陆贽自然深受感动,他积极出点子,协助李吉甫把忠州治理得一天比一天好。

俗话说:**多一个朋友多一条路,多一个敌人多一堵墙**。

我们都知道这句话,也明白这个理。但是,一旦知道别人做了对不起自己的事,仍免不了耿耿于怀。看到这个人时,轻则如陌路相逢,视若无睹;重则似仇人相见,分外眼红。有多少人能像李吉甫那样,不计旧怨与仇人把酒结欢呢?

其实,冤冤相报,未必有什么好处:他损害我在先,我怀恨于心在后,于是便费心费神地盯着他,一心想寻个机会,以牙还牙。

但静下心来想一想,报复之后又得到了什么呢?而为一时意气之争,图片刻之快,又会失去多少本该属于自己的快乐和轻松啊!费尽心机去精谋细划,绞尽脑汁来苦苦算计,最终换来的仅仅是别人的敌视与更深的怨恨,实在划不来了。

倘若是国恨家仇,则非报不可。但在现实生活中,我们很难碰上这种人,平素与我们结怨的,多半是为利益冲突而起,或是为意气之争。为小利而结仇,可能损大利;为一时意气而结仇,可能惹大祸,都是得不偿失的事。**在不违反做人原则的前提下,以德报怨不失为一种高明的处世之道**:即使他与我们曾有过节,我们也应尽力做到不计前嫌;他大红大紫春风满面时,我们不妨去锦上添花;他落魄困窘、山穷水尽时,我们不妨雪中送炭,用我们真挚的热情,融化冰封的情感,剥去彼此面容上冷漠的伪装;用我们的大度与宽容,擦去恩怨的污浊,让纯洁的灵魂更加透明。

这样,我们就无须绞尽脑汁劳心伤神算计别人,也不需要紧绷神经,警惕一切动静,防人算计;我们可以不再担心自己得胜之时无人喝彩,也不用害怕陷入危难之际孤立无援。这样处世岂不堂堂正正?这样做人岂不轻轻松松?

面对"敌人",大多数人的看法是毫不留情地把他消灭掉,因为对敌人的仁慈,就是对自己的残忍。这话听起来很有道理。但事实并非绝对如此,在怎样消灭敌人这件事情上,还有一个人的做法与林肯较为相似,这个人就是拿破仑。

拿破仑对面前的任何障碍都狂怒异常,对待任何胆敢抗拒他的意志的人都严厉无情,可当他获胜时这种态度就全然改变了。他对败军极为仁慈,他真诚地怜悯他们。他经常对手下的人说:"一个将领在打了败仗那天是多么可怜!"

以下是一则拿破仑宽容敌人的故事:

有两名英军将领从凡尔登战俘营逃出,来到布伦。因为身无分文,只好在布伦停留了数日。这时布伦港对各种船只看管甚严,他们简直没有乘船逃脱的希望。

对家乡的热爱和对自由的渴望,促使这两名俘虏想了一个大胆而冒险的办法,他们用小块木板制成一只小船,准备用这只随时都可能散架的小船横渡英吉利海峡,这实际上是一次冒死的航行。当他们在海岸上看到一艘英国快艇,便迅速推出小船,竭力追赶。但他们离岸没多久,就被法军抓获。

这一消息传遍了整个军营，大家都在谈论这两名英国人的非凡勇气。拿破仑获悉后，极感兴趣，命人将这两名英军将领和那只小船一起带到他面前。他对于这么大胆的计划竟用这么脆弱的工具去执行感到非常惊异，他问道："你们真的想用这个渡海吗？""是的，陛下。如果您不信，放我们走，您将看到我们是怎么离开的。"

"我放你们走，你们是勇敢而大胆的人。无论在哪里，我见到有勇气的人就钦佩。但是你们不应该用性命去冒险。你们已经获释，而且，我们还要把你们送上英国船。你们回到伦敦，要告诉别人我如何敬重勇敢的人，哪怕他们是我的敌人。"

拿破仑赏给这两个英军将领一些金币，放他们回国了。

许多在场的人都被拿破仑的宽宏大量所惊。只有拿破仑知道，他的士兵们将从这番话中受到怎样的鼓舞，他的人民将如何赞扬他的宽容与无私。他似乎已经听到了士兵们震天的呼声以及巴黎激动的口号。哲学家卡莱尔说："**伟人往往是从对待别人的失败中显示其伟大的。**"用豁达宽容的性格去对待你的"敌人"，这样就会表现出你的与众不同之处，也正因为你闪光的人性，使你能得到别人的信任和敌人的佩服，这样你就既赢得了他们的心，也取得了最高层次的胜利。

兵法上说，攻心为上，攻城为下。在与"敌手"的竞争中，能利用自己的大度性格征服对方的心，才是最伟大的胜利，而用大度与宽容擦去恩怨的污浊，让灵魂更加透明，乃是取得这种胜利的必要条件。

🦋 心灵悄悄话

报复之后又得到了什么呢？而为一时意气之争，图片刻之快，又会失去多少本该属于自己的快乐和轻松啊！费尽心机去精谋细划，绞尽脑汁来苦苦算计，最终换来的仅仅是别人的敌视与更深的怨恨，实在划不来了。

第七篇　低调:时人不识凌云木

　　拥有低调性格的人都不以一时的进退论成败，而是以一种平和的心态化解掉内心的压力，采取以退为进的人生智慧实现人生目标。在一定的条件下，窄就是宽，低就是高，退就是进。掌握了这一点，就能使得心灵及其行为达到更高层次的自由。

　　在真刀真枪的人生战场上，只有有真本领的人才有获胜的希望。人们对此不要抱有任何不切实际的幻想，行动要落到实处，大话吓人是没有市场的，否则就难以生存了。

　　"上善若水。水善利万物而不争，……夫唯不争，故无尤。"

沽名钓誉终成空

世界上让人们羡慕的事很多，不少人只停留在羡慕之上，并不靠努力去争取，结果他们终生有恨了。古人说：**"临渊羡鱼，不如退而结网。"**就是要求人们不要空想，要真抓实干。人生是有限的，机会也是不等待人的，只有抓紧时间努力工作的人，才能真正实现自己的梦想。

三国时期的名臣诸葛亮，幼年丧父，他便带着弟弟诸葛均来到了叔父诸葛玄的门下。

诸葛亮很有志气，一次他和诸葛玄谈论了很长时间，诉说了自己的远大理想。令他感到奇怪的是，诸葛玄只是端坐而听，却没有说一句话。

诸葛亮有些难堪，他对叔父说："我说得不对吗？为什么您不肯指点我呢？"

诸葛玄说："你年纪还小，不知道做大事的人是不会像你这样夸夸其谈的。我看你说得虽好，但读起书来并不认真，以后靠什么去实现你说的话呢？"

诸葛亮深受触动，他从此读书刻苦，再不以空谈为能了。

诸葛亮长大以后，学问日渐精深，但他从没有满足的时候。

一次，诸葛玄对他说："你学问有成，应该有所作为。荆州牧刘表和我有交情，看在我的面子上，他一定会收留你的。"

诸葛亮说："我的才能还只是小有所成，如果轻易出山，虽然可得一时的富贵，但终不是我的志向。"

他没有答应诸葛玄的要求，仍是钻研学问，苦读不止。

诸葛玄死后，诸葛亮隐居到隆中，亲自耕种土地，磨砺自己的意志。有人劝他不要浪费自己的才能，诸葛亮说："现在天下大乱，没有大才的人是不能平定天下的。我不是不想出山，而是担心我的才能不够啊！"

诸葛亮日夜苦学,他的学问早超过了众人,少有人能和他相比。后来,刘备三顾茅庐请他出山,诸葛亮于是凭着自己的卓越才能,帮助刘备建立了丰功伟业。

诸葛亮勤奋务实,苦练本领,在以后的军事生涯中才智无穷,建立大功。他是个实干家,他的业绩也不是虚幻的。

在真刀真枪的人生战场上,只有有真本领的人才有获胜的希望。人们对此不要抱有任何不切实际的幻想,行动要落到实处,大话吓人是没有市场的,否则就难以生存了。

东汉时,廉范拜博士薛汉为师,跟随他学习。

廉范时刻不敢偷懒,常常学习到深夜。一次,薛汉劝他不要过于辛苦,廉范说:"我天生并不聪明,如果不用勤奋弥补,那么就没有指望了。"

薛汉夸他有出息,于是把自己的学识倾心传授,没有一丝保留。

廉范学习期间,有地方官府征召他做官,廉范都以学业未成而回绝了。他对薛汉说:"若只想做个小官,我现在的学识应该可以应付了,这样一来我就失去了做大事的机会,请求您让我留下。"

廉范学业大成之后,陇西太守邓融请他到官府任职。廉范知道邓融为官不法,便毅然推辞。邓融想报复他,廉范于是隐姓埋名跑到洛阳,做了一名狱卒。

后来邓融事发获罪,廉范正巧负责看管他。他对邓融悉心照料,却不肯承认自己的真实身份。

有人知道了实情,劝廉范不要干这样的傻事,说:"对邓融有心就很难得了,为什么还要关照他呢?"

廉范说:"我读书很多,如果明白了书中的道理而不加以实行,那么我就是白白读书了,和一般人有什么区别呢? 圣贤教诲我们要仁爱对人,我现在正是学习仁爱啊。"

邓融在狱中得了重病,廉范没日没夜地在他身边侍候。又有人怕他招来非议,对他说:"邓融是朝廷重犯,如果人们误会你和他是同党,你不是很危险吗?"

廉范说:"仁爱本是不讲得失的,否则就不是仁爱了。我的行为若给我带来麻烦，只要不是我的错，我都可以坦然接受。"

邓融死在狱中，廉范亲自赶车把他的灵柩送回他的家乡，把他安葬了。

廉范的义举渐渐传开，赢得了天下人的敬重，百姓纷纷写信向朝廷举荐他，朝廷也多次征召他。一时之间，廉范成了天下最有名的人物，被尊为当时的圣贤。

廉范不沽名钓誉，注重身体力行，这是他成名的根基。他做事不是给别人看的，完全出于本心，人们才会真正佩服他。

有些人不干实事，总以为干了实事也得不到好的回报，这是他们爱慕虚荣的性格太旺盛了，也是他们不相信世人的缘故。有这种性格的人是自私和偏激的，他们的讲究实惠与怀疑一切，使他们丧失了做事的原始冲动和责任意识，只能被动地应付了，而这恰恰是失败的根源。成功容不得杂念和猜疑，人们一定要全心全意地对待它。

心灵悄悄话

诸葛亮勤奋务实，苦练本领，在以后的军事生涯中才智计无穷，建立大功。他是个实干家，他的业绩也不是虚幻的。在真刀真枪的人生战场上，只有有真本领的人才有获胜的希望。人们对此不要抱有任何不切实际的幻想，行动要落到实处，大话吓人是没有市场的，否则就难以生存了。

以退为进、进退自如

　　人类社会是在竞争中前进的，就像赛跑一样，人人争先都想得第一名，可是老子的思想与众不同，他郑重其事地宣布**"不敢为天下先"**。人在社会上要表现柔弱，不要争强好胜。**"圣人之道，为而不争"**。

　　柔弱不争是一种性格，它只是一种方式而不是目的，通过这种方式达到"胜刚强"、"天下莫能与之争"的目的。老子较早地发现了世上有许多对立统一的东西，如"有无相生，难易相成，长短相形，高下相倾，音声相和，前后相随"，以及美与丑、善与恶、贵与贱、柔与刚等。通过朴实的直觉观察，老子看到人活着的时候，身体是柔软的，死了的时候就变僵硬了；草木生长的时候是柔嫩的，死了就变干枯了——所以坚硬的东西属于死亡的一类，柔弱的东西属于生存的一类，"天下之至柔，驰骋天下之至坚"，"柔弱胜刚强"。老子把对自然现象的观察理论化、系统化，并将其引申为一种处世的性格和方法。

　　水在老子看来是世上最柔的东西了，但它无坚不摧，所以老子对它十分推崇：**"上善若水。水善利万物而不争，……夫唯不争故无尤。"**

　　老子确是一位真正的智者。一般人的思维是聚敛式的，只看到事物的表面、正面，而老子的思维是发散式的，能看到事物的里面、反面。"不敢为天下先"既是保身避害的处世方式，更是克敌制胜的法宝。尤其在身处逆境、困境、险境，势单力孤的时候，更需要隐忍谦卑、静待其变、迂回转进。历史上众多斗智斗勇、以弱胜强的事例，都能证明它的真理性。至今民众中流传的"枪打出头鸟""人怕出名猪怕壮""让人不为低""以退为进""欲擒故纵"等俗语，都与老子"柔弱不争"的思想一脉相承。

　　能忍自安，不争为上，一般最简单的解释就是用强去争，可能对方比你还强，你用强人亦用强，结果就不那么妙了。这样的解释并非没有道理，但

做人——俯首甘为孺子牛

却有庸俗化之嫌。不如说，忍不单是缓和矛盾，也能化解矛盾，而争只有在极端的情况下才能解决矛盾，而在多数情况下只能是激化矛盾。

在很多事情上，隐忍一些，退让一步，不但自己过得去，别人也过得去了，产生矛盾的基础不复存在，矛盾自然就化解了。彼此能够相安，离祸端就远了。

中国有句格言：**"忍一时风平浪静，退一步海阔天空。"** 不少人将它抄下来贴在墙上，奉为处世的座右铭。

这句话与当今商品经济下的竞争观念似乎不大合拍，事实上，"争"与"让"并非总是不相容，反倒经常互补。在生意场上也好，在外交场合也好，在个人之间、集团之间，也不是一个劲儿"争"到底，忍让、妥协、牺牲有时也很必要。而在个人修养和处世之道上，忍让则不仅是一种美好的德行，而且也是一种宝贵的智慧。

即使在市场竞争的条件下，隐忍退让仍然能够提供成功有效的经营策略。

比如商人常说的"有钱大家赚"，就是忍让的一种表现。经营行为本来是以追求利润最大化为原则的，可是你斩尽杀绝，不肯让利，就不会有合作伙伴。极端地说，根本也就不会有商品经济。因为全叫你垄断了，还有什么市场竞争呢？可见市场竞争是以忍让为前提的。

当今社会，科技越来越发达，物质越来越丰裕，可是人们对生活不但不能感到满意，精神失落感和空漠感反而越来越严重。在这种情况下，老子哲学及其"三宝"，对芸芸众生或许是效果不错的清凉剂。

一味退缩、忍让，大概会很让人感到窝火、憋气，"忍耐是有限度的"，总有"忍无可忍""让无可让"的时候。也许你会责怪我们："为什么单单教我这样去做'缩头乌龟'？"请不要着急上火，**"乌龟"在遇到危险的时候，其实并非只知道"缩头"，**仔细分析起来，乌龟是很有智慧的呢！你看，当对方气势汹汹逼将过来的时候，它并不是急于"生死相搏"，而是利用自己坚硬的外壳，筑起一道牢不可破的防线，消磨对方的斗志，消耗对方的实力，然后它会恰到好处地伸出头来，看准对方的要害之处，狠命地咬上一口！这蓄势而发的一口，这雪耻报仇的一口，即使不能将对手置于死地，至少也能扭转局势，取得胜利。

中国古代是很崇拜灵龟这种动物的，像什么"神龟长寿""灵龟兆吉"，这都是褒赏之词。近年来颇流行的一部外国动画片，其主人公不也是"忍者神龟"吗？

　　神龟，灵龟，之所以神，之所以灵，要旨就在于"以守为攻"四个字。而这，恰恰也是"糊涂"性格的应敌之策！

心灵悄悄话

　　当今社会，科技越来越发达，物质越来越丰裕，可是人们对生活不但不能感到满意，精神失落感和空漠感反而越来越严重。在这种情况下，老子哲学及其"三宝"，对芸芸众生或许是效果不错的清凉剂。

急流勇退是大智慧

急流勇退，也是哲人欣赏的一种性格，古人把这种勇退称为"撒手悬崖"。

清代名臣曾国藩可谓深知官场沉浮的人，他在家信中一再地告诫家人"大富大贵，亦靠不住，唯勤俭二字可以持久""**不居大位享大名，或可免于大祸大谤**""家中新居富宅，一切须存此意，莫作代代做官之想，须作代代做士民之想……余自揣精力日衰，不能多阅文牍，而意中所欲看文书又不肯全行割弃，是以决计不为疆吏，不居要任，两三月内，必再专疏恳辞"，但曾国藩的辞职没有获得清政府的允准。

对于名利权势，不同的人由于性格不同，态度也不一样。有的人很明智，知道权势不一定能够给人带来幸福，所以不去争权夺势，而是忍耐住自己对权力的渴望，在事业成功时全身而退。

西汉张良，字子孺，号子房，年轻时候在下邳游历，在破桥上遇到黄石公，替他穿鞋，因而从黄石公那儿得到一本书，是《太公兵法》。后来追随汉高祖，平定天下后，汉高祖封他为留侯。张良说道："凭一张利嘴成为皇帝的军师，并且被封了万户子民，位居列侯之中，这是平民百姓最大的荣耀，在我张良是很满足了。愿意放弃人世间的纠纷，跟随赤松子去云游。"司马迁评价他说："张良这个人通达事理，把功名等同于身外之物，不看重荣华富贵。"

张良的祖先是韩国人，伯父和父亲曾是韩国宰相。韩国被秦国灭了后，张良力图复国，曾说服项梁立韩王成。后来韩王成被项羽所杀，张良复国无望，重归刘邦。楚汉战争中，张良多次计出良谋，使刘邦险中转胜。鸿门宴中，张良以过人的智慧，保护了刘邦安全脱离险境。刘邦采纳张良不分封割地的主张，阻止了再次分裂天下。与项羽和约划分楚河汉界后，刘邦意欲进入关中休整军队，张良劝阻，认为应不失时机地对项羽发动攻击。最后与韩

127

信等在垓下全歼项羽楚军,打下汉室江山。

公元前201年,刘邦江山坐定,册封功臣。萧何安邦定国,功高盖世,列侯中所享封邑最多。其次是张良,封给张良齐地三万户,张良不受,推辞说:"当初我在下邳起兵,同皇上在留县会合,这是上天有意把我交给您使用。皇上对我的计策能够采纳,我感到十分荣幸,我希望封留县就够了,不敢接受齐地三万户。"张良选择的留县,最多不过万户,而且还没有齐地富饶。

张良回到封地留县后,潜心读书,搜集整理了大量的军事著作,为当时的军事发展,做出了重要的贡献。

不过历史上也不乏因居功自傲或不甘寂寞招来杀身之祸的名将、名臣。例如,韩信为刘邦打下了江山,感到自己地位的重要,却进一步挟兵自恃,要求封假王。刘邦说:大丈夫要封就封真王! 果真给他封了王。辅助越国复兴的大夫文种,不肯听范蠡对他的劝告,接受了勾践政府的职位,结果被"可与共患难不可同甘福"的勾践赐以利剑饮恨自杀。所以事有可为则为之、不可为则退之。像越国的范蠡,三徙其地,始终保持自己自由人的生涯;唐朝的李泌,以隐士出,对肃宗说,安史之乱平定后,我只要枕着陛下的腿睡一觉即足。为此他坚拒皇帝的提亲,不成家立室,也坚拒皇帝的任命,不做正式的命官,以后果然功成身退,是为朝野上下第一受人钦敬的奇人。

低调作为一种性格,它不仅仅可以宽解人于一生终结之事,也可以宽解人于一事终结之时。古人云:**"谢事当谢于正盛之时,人肯当下休,便当下了。若要寻个歇处,则婚嫁虽完,事亦不少;僧道虽好,心亦不了。"**真可谓真知灼见!

心灵悄悄话

对于名利权势,不同的人由于性格不同,态度也不一样。有的人很明智,知道权势不一定能够给人带来幸福,所以不去争权夺势,而是忍耐住自己对权力的渴望,在事业成功时全身而退。

做人——俯首甘为孺子牛

得之我幸失之我命

处事不惊，必凌驾于事情之上；达观权变，当安守于糊涂之中。不糊涂不能息弭事端，只能生事、滋事、扰事、闹事；不糊涂不能力挽狂澜，只能被卷入旋涡之中，抛于险浪之巅。

飞机在空中出了故障，每个人都系上了降落伞，唯有一个女孩没有。此时，一位长者解下了自己刚系上的降落伞给女孩系上。常人会认为此长者糊涂，其实他心里比谁都明白：有降落伞便有一半的生存之望；没有降落伞，即百分之百的死亡。为了下一代，他甘愿将死亡留给自己。顷刻间，故障排除，全机人百分之百的生还。糊涂长者不糊涂。

请看君子糊涂之貌：独自一人时，超然物外的样子；与人相处时，和蔼可亲的样子；无所事事时，语默澄静的样子；处理事务时，雷厉风行的样子；**得意时，淡然坦荡的样子；失意时，泰之若素的样子。**

谢安与孙绰等人曾划船到海上游玩，正当他们玩得高兴的时候，天气突然起了变化，海风推着海浪阵阵翻涌，游船在风浪中颠簸不定。大家都害怕起来，只有谢安镇定自若，照常吟诗唱歌。船老板看到谢安这样胆大无畏，心里特别高兴，便继续划船。不一会儿，风浪更急了，大家更加紧张。谢安不慌不忙地对船工说："这样划下去，从哪里上岸呢？"船工说："只能从原地上岸。"于是，船工才划船返回。大家都佩服谢安的胆量。

其实在危险面前，惧怕只是一种怯懦的表现，对于克服困难，解除危机没有任何帮助。心胸坦荡的人，把生死看得很淡，名利看得很轻，那还有什么东西能让他恐惧呢？

谢安临危不惧的气概，不仅体现在自然风浪之中，而且在政治风浪中也是这样。

晋文帝去世以后，宰相桓温想推翻晋室，争夺王权，觉得谢安和王坦之都是绊脚石。在新亭他的官邸，他叫谢安和王坦之到他那里去见面，想埋下伏兵在宴会中杀害他们。王坦之害怕得要命，就问谢安："怎么办呢?"谢安神色自然，毫不畏惧。他十分镇定地说："晋朝的存亡，就在于我们这次去还是不去!"

到了桓温府上，见面之时，王坦之吓得胆战心惊，汗流浃背，双手直打哆嗦，而谢安十分镇静。到了厅堂，他从容自在地坐上席位，对桓温说："我听说作为王室的护卫，各地的大将都有自己的职责和道德，应该把兵力部署在边境上严守疆土，建功立业。没想到，您怎么从墙壁后面向别人捅刀子呢?"桓温笑着回答说："没办法，我现在不得不这样啊。"

接着，谢安与桓温在轻松的气氛中谈了很长时间，桓温最后不得不放弃了自己谋反篡权的意图。

当初，王坦之与谢安在社会上都很出名，通过这一件事，人们就分出了他们之间的优劣。谢安这种"骤然临之而不惊"的大丈夫气概，也被后人所赞赏。

恐惧是人内心里缺乏自信的表现，也是人心中有私、有鬼的反映。谢安一心为公，不计个人得失。他心底宽阔，自然不会心虚，做事也自然而然地坦然大方，临危不惧。所以，人应该学会改善自己的性格，忍受住利益的诱惑和驱使，正直地做人。

🦋心灵悄悄话

请看君子糊涂之貌：独自一人时，超然物外的样子;与人相处时，和蔼可亲的样子;无所事事时，语默澄静的样子;处理事务时，雷厉风行的样子;得意时，淡然坦荡的样子;失意时，泰之若素的样子。

第八篇　谦虚：成由谦逊败由奢

　　真正的"方圆"之人是大智慧与大容忍的结合体，有勇猛斗士的武力，有沉静蕴慧的平和。真正的"方圆"之人能对大喜悦与大悲哀泰然不惊。真正的"方圆"之人，行动时干练、迅速，不为感情所左右；退避时，能审时度势，全身而退，而且能抓住最佳机会东山再起。真正的"方圆"之人，没有失败，只有沉默，是面对挫折与逆境积蓄力量的沉默。

　　在心理交往的世界里，那些谦让而豁达的人们总能赢得更多的朋友；相反，那些妄自尊大、高看自己小看别人的人总会引起别人的反感，最终在交往中使自己走到孤立无援的地步。

气忌盛，心忌满，才忌露

英国19世纪的政治家查士德斐尔爵士曾对他的儿子说过这样的话：**"要比别人聪明，但不要告诉人家你比他更聪明。"**苏格拉底也在雅典一再地告诫他的门徒："你只知道一件事，就是你一无所知。"

无论你采取什么方式指出别人的错误：一个蔑视的眼神，一种不满的腔调，一个不耐烦的手势，都有可能带来难堪的后果。你以为他会同意你所指出的吗？绝对不会！因为你蔑视了他的智慧和判断力，打击了他的荣耀和自尊心，让他感到你高于他而使之难堪，这样他非但不会改变自己的看法，还要进行反击，这时，你即使搬出所有柏拉图或康德的逻辑也无济于事，而且会更加激起对方的反感。

永远不要说这样的话。"看着吧！你迟早会知道谁是对的。"这等于说："我会使你改变看法，我比你更聪明。"这实际上是一种挑战，在你还没有开始证明对方的错误之前，他已经准备迎战了。为什么要给自己增加困难呢？

有一位年轻的纽约律师，他参加过一个重要案子的辩论，这个案子牵涉到一大笔钱和一项重要的法律问题。在辩论中，一位最高法院的法官提醒年轻的律师说："海事法追诉期限是6年。"律师连想都没想，直接反驳说："不。庭长，海事法没有追诉期限。"

这位律师后来说："当时，法庭内立刻静默下来，似乎连气温也降到了冰点。虽然我是对的，他错了，我也如实地指了出来，但他却没有因此而高兴。他表面上显出很赞赏的样子，但可以看得出，当时他脸色铁青，令人望而生畏。尽管法律站在我这边，但我却犯了一个大错，居然当众指出一位声望卓著、学识丰富的人的错误，无意中树立了一个对自己有成见的'冤家'。"

这位律师确实犯了一个"比别人正确的错误"。**在指出别人错了的时**

候,为什么不能做得更委婉一些呢?

如果有人说了一句你认为是错误的话,你这样说不是更好吗:"唔,我倒有另一个想法,但也许不对,我常常弄错。如果我弄错了,我很愿意得到纠正。"这将会收到神奇的效果。无论什么场合,试问,谁会反对你说"我也许不对"呢?

日常工作中不难发现这样的同事:其人虽然思路敏捷,口若悬河,但他讲话别人都不愿意听,为什么? 因为他的表现狂妄,令人不舒服,因此别人很难接受他的任何观点和建议。这种人多数都是因为喜欢表现自己,总想让别人知道自己很有能力,处处想显示自己的优越感,从而能获得他人的敬佩和认可。但结果却往往适得其反,反而失掉了在他人心中的威信。

在心理交往的世界里,那些谦让而豁达的人们总能赢得更多的朋友;相反,那些妄自尊大、高看自己小看别人的人总会引起别人的反感,最终在交往中使自己走到孤立无援的地步。**吕坤在《呻吟语》中说:"气忌盛,心忌满,才忌露。"把心满气盛、卖弄才华视为待人处世的大忌。**

在交往中,任何人都希望能得到别人的肯定性评价,都在不自觉地强烈维护着自己的形象和尊严。如果他的谈话对手过分地显示出高人一等的优越感,那么无形之中就是对他自尊和自信的一种挑战与轻视,排斥心理乃至敌意也就不自觉地产生了。

因为,当我们的朋友表现得比我们优越时,他们就有了一种重要人物的感觉,但是当我们表现得比他还优越时,他们就会在心里产生自卑感,由羡慕而生嫉妒。

很多时候,我们面对的多不是什么大是大非的原则问题,没必要针锋相对。退一步,别人过去了,自己也可以顺利通过。宽松和谐的人际关系给我们带来了很多方便,又避免了许多麻烦。假如你胸怀鸿鹄之志,可以一心一意去积蓄力量;假如你只想做普通人,可以活得从从容容,逍遥自在。可进可退,两头是路,何乐而不为?

或许你会说这样做过于世故,过于圆滑,压抑了人性的自由发展。其实不然,这里所讲的收敛恰恰是保护个性健康发展,成功实现自我价值的一条捷径。

现实生活中,由于年轻气盛、爱出风头而处处碰壁的人大有人在,但他

们最终还是为了适应社会，不得不磨平棱角，锐气殆尽，甚至一事无成。好钢用在刀刃上，一个人的锋芒也应该在关键的时候、必要的时候展露给众人，那时人们自然会承认你确实是一把锋利的宝刀。但不要时不时地拿出来挥舞一番，直杀得别人片甲不留方才甘心。刀刃需要长期的磨砺，只图一时之快，不懂保养，只会令其钝化。

英国大文豪萧伯纳赢得了很多人的尊敬和仰慕。

据说他从小就很聪明，且言语幽默，但是年轻时的他特别喜欢崭露锋芒，说话也尖酸刻薄，谁要是跟他对一次话，便会有受到一次奚落之感。

后来，一位老朋友私下对他说："你现在常常出语幽他人之默，非常风趣可喜，但是大家都觉得，如果你不在场，他们会更快乐。因为他们比不上你，有你在，大家便不敢开口了。你的才干确实比他们略胜一筹，但这么一来，朋友将逐渐离开你。这对你又有什么益处呢？"

老朋友的这番话使萧伯纳如梦初醒，他感到如果不收敛锋芒，彻底改过，社会将不再接纳他，又何止是失去朋友呢？所以他立下誓言，从此以后，再也不讲尖酸的话了，要把天才发挥在文学上。

这一转变不仅奠定了他后来在文坛上的地位，同时也广受各国人民的敬仰。

你要是比别人多一些本事，不一定要张扬着让他人知道，时间会证明一切的。**收敛锋芒，韬光养晦，使你在与人共事时留下较大的回旋余地，是一种必要的自我保护，也是让旁人敬佩的一种内在气质。**

从另一方面讲，谦虚的人往往能得到别人的信赖。因为谦虚，别人才不会认为你会对他构成威胁，你也会赢得别人的尊重，与之建立良好的关系。

因此，我们对自己的成就要轻描淡写，我们必须学会谦虚，这样我们才能永远受到欢迎。对此，卡耐基曾有过一番相当精彩的论述："你有什么可以炫耀的吗？你知道是什么东西使你没有变成白痴的吗？其实不是什么大不了的东西，只不过是你甲状腺中的碘罢了，价值才五分钱。如果医生割开你颈部的甲状腺，取出一点点的碘，你就变成一个白痴了。五分钱就可以在街角药房中买到一点点碘——使你没有住进疯人院的东西。价值五分钱的东西，有什么好谈的？"

卡耐基的论述无非是在向我们提出一种警示：即使是有点本事的人，也没有什么值得夸耀的，只不过是他比别人更幸运一点而已。与人合作交往还是平和一些，放低一些调门为好。

心灵悄悄话

好钢用在刀刃上，一个人的锋芒也应该在关键的时候、必要的时候展露给众人，那时人们自然会承认你确实是一把锋利的宝刀。但不要时不时地拿出来挥舞一番，直杀得别人片甲不留方才甘心。刀刃需要长期的磨砺，只图一时之快，不懂保养，只会令其钝化。

做人——俯首甘为孺子牛

不以物喜不以己悲

尽管每个人都尝到过被人冷落的滋味，但人们面对"冷落"所采取的态度却不尽相同。有的人遇"冷"不冷，逢"落"不落，仍然表现出了一种泰然处之、豁达坦荡的超然境界，其结果不仅使自己渡过难关，走向"热烈"，而且逆境成才，留下了更加辉煌的人生篇章。有的人却不尽然，面对"冷落"，变得消沉起来，一蹶不振，最终使自己陷入自我封闭、孤独、寂寞的困境而难以自拔。之所以会产生这样的结果，是因为每个人都具有不同的性格。

怎样才能走出被人冷落的误区呢？

接受冷落，面对被人冷落的现象，您应当首先承认它的存在，允许它的发生。这是因为，**人生本来就是一个万花筒，红橙黄绿蓝靛紫，喜怒哀乐，酸甜苦辣，温凉冷热，可谓应有尽有，五彩缤纷。**

实际上，每一个生活在社会中的人，或多或少，或轻或重，都会遇到"冷落"，不管你是自觉的还是不自觉的，情愿的还是不情愿的，谁也休想与它绝缘。"冷落"作为一种客观存在的社会现象，您无论如何也不应当采取回避的态度。

由此，面对冷落，您应当采取承认的态度，就是说要有接受冷落的心理准备。当然，承认冷落的存在，并非是承认它存在的合理性，而是承认它存在的客观性。承认了此种矛盾存在的客观性，也就承认了解决此种矛盾方法的必然性。唯其如此，您才会直面冷落，既不回避，也不惧怕。

要敢于表现。人们在受到冷落后，通常在生活上感到失意，在心理上产生退却。**对于一个强者来说，越是受到冷落的重压，越是应当富有自我表现的阳刚之气。**这样的勇气，不仅可以吹散来自外界对自己冷落的风云，也最易于拨开自己被人冷落所带来的心头迷雾。

比如，举办卡拉 OK 比赛，你敢不敢直步登上台去，高歌一曲；周末舞会，你敢不敢跃入舞池，投入地一次跳个够；演讲会上，你敢不敢面对众人，字正腔圆、慷慨激昂地去陈词一番;运动场上,尽管你体育技能平平,但还是要去奋力地拼搏一番,即使一时上不了场,当个观众也无妨,你敢领头尝一尝拉拉队长的滋味吗……无论胜败输赢,你都会从中感到过剩能量得到释放的一种轻松和欢娱。人生有"冷"也有"热"。要通过自我的表现去发现生活中的欢歌笑语,同时要去主动地排"冷"取"热",甚至化"冷"为"热"。

当然,**在自我表现的过程中,你还应当切忌自我标榜,故弄玄虚。**这样做,不仅难以排除外界的冷落,还会由此带来更多的冷落。自我表现,不仅应当有勇气,更重要的是要提高自己的素质,增强自己的实力。有了真才实学再加上自己的勇气,那你就会在生活的舞台上表现得潇洒自如,发挥得淋漓尽致。此时,你面前的冷落,便会一扫而光,迎来的将是张张笑脸、满园春色。

平息抱怨,大凡经历过冷落的人,大都有这样的感觉,抱怨冷落的结果只会在客观上助长受冷落压力的程度。与其过多地自我抱怨,倒不如从主观认识上找原因,以新的姿态重新扬起风帆,战胜冷落。

你不妨自己提出这样的疑问:为什么别人没有受到冷落,却偏偏冷落了自己;为什么此时无冷落,彼处遇冷落。想来想去,你便会觉得,原来别人对自己的冷落也与自己有关联。如果受到来自顶头上司的冷落,你或许会想到他的偏见、不公正等,但同时是否还应该想到,你的工作态度差、表现得不好,才是上司之所以冷落你的真正原因;如果受到同事的冷落,你或许会想到他的性格孤僻、心胸窄小、无端嫉妒等,但是否还应该想一想,是你的傲慢、无礼、清高,才使他人对你进行冷落有了可能的条件;如果受到妻子的冷落,你或许会想到,妻子不温顺、不贤惠、不会料理家务、不会热情待客等,但是否还应想到,你的大丈夫习气,动辄吹胡子瞪眼睛的德行,难道妻子还不该冷你几次! **与其抱怨他人,倒不如利用这个间隙来反省一下自己,这岂不是一件很好的事情!**

学会丧失,冷落,会使你隐隐感到自己心灵上的某种丧失。这并不可怕,问题的关键在于你能否正确地对待丧失,能否科学地把握丧失,能否学会从丧失中奋起。

丧失即失去。在朱迪丝·维尔斯特的力作《必要的丧失》中,她指出,丧失是不可避免的。**我们从脱离母体直到死亡,在这整个成长过程之中,丧失始终伴随着我们。它是"一种终生的人类状况"。**理解人生的核心就是理解我们该怎样对待丧失。"丧失是我们为生活付出的代价",但如果我们学会了放弃完美的友谊、婚姻、孩子和家庭生活的理想幻想,放弃对绝对庇护和绝对安全的幻想,那么我们将在这种放弃——必要的丧失中苏醒。朱迪丝还告诉我们,丧失是成长的开始,追求完美与恐惧丧失则是幼稚的,我们人生的路途是由丧失铺筑而成的。

有的人往往把复杂的社会、复杂的人生理想化了,他们接受收获通常比接受丧失更容易做到。实际上,只要你稍加留心,便会从生活中经常发现这样的画面:他是我的好朋友,同时又是别人的好朋友;上司对我十分器重,同时对另一个人也很器重。想到此,或许你就会认识到,放弃各种各样不切实际的期待,对于消除冷落的困惑,是多么的重要!

冷落虽然使你暂时少了一些来自外界的热情,少了很多朋友,但往往能进一步激发你对热情的珍视,对朋友的偏爱。此时此刻,你将会用自己的热情去温暖对方那颗冷落的心,你将不会再用消极的眼光去对待朋友一时的偏颇。

生活中往往有这样的现象:有些才能出众的人,正是由于受不了世俗冷落的偏见,从此之后甘愿"随波逐流",也不肯再"出头""冒尖"了;也有一些较为愚钝的朋友。由于被人瞧不起以至受到某些人的鄙视,结果产生了"破罐子破摔"的念头。冷落是一种腐蚀剂,在冷落面前不要失去自信。**"自信人生二百年,会当击水三千里。"**这是何等博大的胸怀,何等硕大的气魄。数风流人物,大凡事竟成者,无不是自信人生的典范。殊不知,他们在成功的道路上,何止只受到冷落的骚扰!

一对好朋友,耳鬓厮磨多少年,突然在某一日反目成仇,从此形同陌路。你或许会产生"雅士如林,知音日少"的失落感。其实大可不必。生活是多色彩、多层面的,不必事事都有个所以然,必要的超脱也是一种生活的润滑剂。面对冷落,没有必要自我封闭、压抑自我、煎熬自我。寸保说得好:生活就是面对现实微笑,就是超越障碍注视将来。**在生活中,每个人都会遭遇冷落,但更多的还是拥有热情。**你应当不断地去寻觅生活中的热情。人人都希望把热情带进自己的生活,让生活变得更富有色彩,更富有诗意,这本身就是拥有热情的表现。如果你只会发现冷落,而不勇于去开拓和追逐热情,那么,在你的眼里就会只有苦涩、忧伤和痛苦。

主动感化。有的人在处理人与人之间的关系上,总是你对我好,我就对你好；你看不上我，我也不买你的账。这至少是一种不够大度的姿态。当然，人与人之间的交流是双向的，但一个成熟的人，恐怕会想得更多，想得更细，甚至会做一些必要的让步与牺牲。

面对冷落你的人，早上初见面时，可不可以主动上前去问候一声：早上好；周末之余，节假日里，你可不可以主动邀请对方去参加一个舞会，或者就近做一次简单的短途旅行；当对方搬迁新居时，你可不可以主动去当个帮手，等等。假如你能这样去想、去做，是完全有可能改变对方态度的。精诚所至，金石为开。看上去似乎你显得"矮"了一些，但在他人的心目中，你是高尚的、伟大的，值得信赖的。人与人之间的交往本来就是这样：你想得到他人的尊重，自己先要尊重他人；你想得到他人的热情，自己先要热情待人；你想得到他人的理解，自己要先理解他人。只有这样，你才会最终减少他人的冷落。

心灵悄悄话

生活是多色彩、多层面的，不必事事都有个所以然，必要的超脱也是一种生活的润滑剂。面对冷落，没有必要自我封闭、压抑自我、煎熬自我。你应当不断地去寻觅生活中的热情，让生活变得更富有色彩，更富有诗意。如果你只会发现冷落，而不勇于去开拓和追逐热情，那么，在你的眼里就会只有苦涩、忧伤和痛苦。

做人——俯首甘为孺子牛

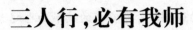

三人行，必有我师

"三人行，必有我师"。意思是说每个人身上都有你可以学习的长处。你知道的越多，就应该越谦虚，就如苏格拉底所说："**我知道越多就越发现自己的无知。**"

孔子带着学生到鲁桓公的祠庙里参拜，看到一个可用来装水的器皿，形体倾斜地放在祠庙里。

守庙的人告诉他："这是欹器，是放在座位右边用来警诫自己，如'座右铭'一般的器皿。"

孔子说："我听说这种用来装水的伴坐的器皿，在没有装水或装水少时就会歪倒；水装得适中，不多不少的时候就会是端正的；里面的水装得过多或装满了，它也会翻倒。"

说着，孔子回过头来对他的学生们说："你们往里面倒水试试看吧！"学生们听后舀来了水，一个个慢慢地向这个可用来装水的器皿里灌水。果然，当水装得适中的时候，这个器皿就端端正正地立在那里。不一会儿，水灌满了，它就翻倒了，里面的水流了出来。再过一会儿，器皿里的水流尽了，就又像原来一样歪斜在那里了。

这时候，孔子便长长地叹了一口气说道："唉！世界上哪会有太满而不倾覆翻倒的事物啊！"欹器装满水就如同骄傲自满的人那样容易倾倒。因此为人要谦虚谨慎，不要骄傲自满。

法国数学家笛卡儿是一位知识渊博的伟大学者，但他也如同苏格拉底一样，声称学习得越多就越发现自己的无知。

一次，有人问这位伟大的数学家："你学问那样广博，竟然感叹自己的无知，是不是太过谦虚了？"

笛卡儿说："哲学家芝诺不是解释过吗？他曾画了一个圆圈，圆圈内是已掌握的知识，圆圈外是浩瀚无边的未知世界。知识越多，圆圈越大，圆周自然也越长，这样它的边沿与外界空白的接触面也越大，因此未知部分当然就显得更多了。"

"对，对，你的解释真是绝妙！"问话者连连点头称是，赞服这位学问家的高见。

知识越多，越觉得自己无知，你觉得这奇怪吗？一点儿不奇怪，笛卡儿的比喻十分形象。知识多者，在于他知道世界还有很多奥妙，也就是知道自己无知。**而无知者，在于他不知道这世界是怎么回事，他怎么会知道自己无知呢？**

人类世界浩瀚几千年的文明史，个人所掌握的知识相比之下就如同沙漠里的一粒沙。所以永远不要说自己无所不知。只有愚蠢的人才会那样妄自尊大、自鸣得意。

莫里斯·斯威策说过："骄傲自大的人喜欢见依附他的人或谄媚他的人而厌恶见高尚的人。而结果这些人愚弄他，迎合他那软弱的心灵，把他由一个愚人弄成一个狂人。"

丰收的稻子总是弯腰向着大地。无论在任何时候，永远不要以为自己知道了一切。不管人们把你评价得多么高，你永远都要清醒地对自己说："我是一个一无所知的人，每个人都是我的老师。"

"好为人师"也许是人的一种天性，连小孩子都有自我兜售的欲望。"好为人师"是自显高明的表现，在无形中抬高了自己、贬低了别人，这在社交中很容易引起他人的反感。相反，在人群中，你以别人为师，不但可以满足对方的优越感及虚荣心，而且也能学到知识，增长见识，可收到一箭双雕的奇效。

在社会生活中，"好为人师"显然不是件好事。这里的"好为人师"指的不是"喜欢当老师"，而是指喜欢指点、纠正别人。

有一种人喜欢在工作上指出别人的错误，大肆表白和显示自己的意见，也喜欢在言语上指正别人的缺点，例如交友方式啦、衣服发型啦、教育子女的方法……这种人有的是出于纯粹的无意识,对旁人的错误无法袖手旁观;有的则是自以为是,认为别人的观念有问题,只有他的观念才是对的,喜好出风头。

不管基于什么心态,也不管你的意见是对是错、是好是坏,一旦你主动提出来,你就犯了社会生活中的忌讳——侵犯了人性里的"自我"!

你要知道,**每个人都在努力建立一个坚固的自我,以掌握对自己心灵的自主权,并经由外在的行为来检验自我强固的程度。**你若不了解此点而去揭露他的错误,他会明显地感受到他的自我受到你的侵犯,有可能不但不接受你的好意,反而还采取不友善的态度。

所以,"好为人师"是人际关系的障碍。如果你非要"为人师"不可,则必须建立在以下几个基础上才行:

你基于"义"而提出,而对方又愿意领情,情愿接受你的意见。但不接受的可能性也相当高,这是人性,没有什么道理好说。

你在对方心目中够分量。所谓"人微言轻",如果他一向敬重你,那么他有可能接受你的意见,但表面听从、私下不理的可能性也很高。如果分量不足,那就别自讨没趣。

你是他的长辈或上司。基于伦理及利害关系,他有可能接受你的意见,但也不尽然。

总而言之,人都有排他性,也有虽然知道不对也要做下去的比较蒙眬的"人本"意识,这是他个人的选择。因此,与其好为人师地"招惹麻烦",不如"拜人为师"求自己成长,引发别人反感的事最好少做或者不做。

心灵悄悄话

"好为人师"也许是人的一种天性,连小孩子都有自我兜售的欲望。"好为人师"是自显高明的表现,在无形中抬高了自己、贬低了别人,这在社交中很容易引起他人的反感。相反,在人群中,你以别人为师,不但可以满足对方的优越感及虚荣心,而且也能学到知识,增长见识,可收到一箭双雕的奇效。

小舍小得、大舍大得

人生中要懂得勇于放弃。

人生中有时我们拥有的内容太多、太乱,我们的心思太复杂,我们的负荷太沉重,我们的烦恼太无绪,诱惑我们的事物太杂乱,大大地妨碍我们,无形而深刻地损害我们的利益。

我们的人生要有所获得,就不能让诱惑自己的东西太多,心灵里累积的烦恼太杂乱,努力的方向就会过于分叉。**我们要简化自己的人生,我们要常常有所放弃,要学习经常否定自己,把自己生活中和内心里的一些东西断然放弃掉。**

假如我们永远凭着过去生活的惯性,日常世故的经验,固守已经获得的功名利禄,想要获取所有的权钱,什么风头利益都要去争,什么样的生活方式都让我们眼花缭乱,什么朋友熟人都不愿得罪,这样我们会疲于应付,把很多时间和精力都花在无谓的纷争、无穷的耗费上,不仅自己的正常发展受到限制,甚至迷失自己真正应该前行的方向。

在人生的一些关口,我们的生命中会长出一些杂草,侵蚀我们美丽人生的花园,搞乱我们幸福家园的麦地。我们要学会对这些杂草铲除和放弃。放弃不适合自己的职业,放弃异化扭曲自己的职位,放弃暴露你弱点缺陷的环境和工作,放弃实权虚名,放弃人事的纷争,放弃变了味的友谊,放弃失败的恋爱,放弃破裂的婚姻,放弃没有意义的交际应酬,放弃坏的情绪,放弃偏见和恶习,放弃不必要的忙碌和压力。

放弃我们人生土地和花园里的这些杂草害虫,我们才有机会同真正有益于自己的人和事亲近,才会获得适合自己的东西。我们才能在人生的土地上播下良种,致力于有价值的耕种,最终收获丰硕的粮食,在人生的花园中采摘到美丽的花朵。

放弃得当,是对围剿自己藩篱的一次突围,是对消耗你精力的人或事的有力回击，是对浪费你生命的敌人的扫射，是你在更大范围去发展生存的前提。

放弃得当，是对捆绑自己的背包的一次清理，丢掉那些不值得你带走的包袱，拿走拖累你的行李物件，你才可以简洁轻松地走自己的路，人生的旅行才会更加愉快，你才可以登得高、行得远，看到更美、更多的人生风景。

放弃那些不适合自己去充当的社会角色，放弃束缚你的世故人情，放弃伪装你的功名利禄，放弃徒有虚名的奉承夸奖，放弃各种蒙住你的眼睛的遮羞布，你才能够腾出手来。**用足够的精力与智慧去赢取你真正应拥有的东西，努力做好自己应该做的事，自由自在地发掘自己的潜力，主题明确地直奔自己应该追求的目标，坚定不移地走自己的路，充分实现自己的人生价值。**

假如我们不及时地将损害我们的杂草和肿瘤放弃，不及时地将它们从我们的生活中扫除，从心灵里清理出去，它们就会妨碍我们本应快乐拥有的一切，绊住我们前进的脚步，蒙住我们判断是非的眼睛，腐蚀我们的生存，占据我们宝贵的人生空间，榨干我们生命土地里的水分和营养，打破我们的发展次序，给人生添乱、添烦。

生命对于我们每一个人来说仅有一次，我们不能让太多无关的人事功名来消耗我们的光阴和智慧；也不可能去成就你的事业，做到名利双收、事事如意；更不能与那些消耗我们的人事来个持久战，让它们给我们不断地带来麻烦和损失。我们要用放弃来保护自己、来成就自己、来砥砺自己。

放弃，需要背水一战的勇气与魄力，放弃是痛苦的、是疼痛的、是难舍的、是悲凉的，需要心灵太多的挣扎、犹豫和勇气，放弃意味着永远的丧失和缺憾，甚至有时需要我们重整旗鼓，从头来过。

放弃，需要智慧和远见：放弃，还意味着我们和一些我们想要的东西永远错过；放弃，有时使我们难以割舍得心疼、心碎。放弃钻营权力与沽名钓誉，也许你将布衣终身；放弃金钱职位，也许你再也没有了享乐的机会；放弃社交和朋友，也许你要承受孤独和寂寞；放弃失败的恋爱婚姻，也许你要独自飘零单飞。

放弃，特别需要你调动自己的智慧与勇气，进行周密无悔的判断，下定一往无前的决心，然后破釜沉舟、果敢行事。

生活，要求我们学会争取，也要求我们学会放弃。假如你感到太苦、太累、太烦、太忙、太杂，假如你有太多的心事与苦恼，假如你失去了表现自我的机会，假如你没有得到真爱真情，假如你的生活被众多的迷雾遮住了眼，请尝试放弃一些包袱与拖累。

及时放弃，放弃得当，勇于放弃。明天，你的太阳会在明朗的天空蓬勃火红地升起；明天，你的人生花园，有了赏心悦目的规划清理；明天，你家园的土地，会有一片清静和平、旺盛生长的新气象。

心灵悄悄话

在人生的一些关口，我们的生命中会长出一些杂草，侵蚀我们美丽人生的花园，搞乱我们幸福家园的麦地。我们要学会对这些杂草铲除和放弃。放弃实权虚名，放弃变了味的友谊，放弃失败的恋爱，放弃没有意义的交际应酬，放弃坏的情绪，放弃偏见恶习，放弃不必要的忙碌压力。

做人——俯首甘为孺子牛

淡泊名利、明哲保身

佛教上讲，人的一生就是受苦受难的过程。我们不能要求每个人都来信奉这个观点。但是，你要谋求发展，就要处处小心谨慎，稳步前进，夹起尾巴做人。话虽然粗俗了一些，但里面包含的大道理还需要我们慢慢去领悟。

三国时期，曹操的著名谋士荀攸智慧超群，谋略过人，他辅佐曹操征张绣、擒吕布、战袁绍、定乌桓，为曹氏集团统一北方、建立功业做出了重要的贡献。他在朝二十余年，能够从容自如地处理政治旋涡中上下左右的复杂关系，在极其残酷的人事倾轧中，始终地位稳定，立于不败之地，就在于他能甘于淡泊缄默。曹操有一段话形象而又精辟地反映了荀攸的这一特别的谋略："公达外愚内智，外怯内勇，外弱内强，不成善，无施劳，智可及，愚不可及，虽颜子、宁武不能过也。"

可见荀攸平时十分注意周围的环境，对内对外，对敌对己，迥然不同。参与军机，他智慧过人，连出妙策；迎战敌军，他奋勇当先，不屈不挠。但对曹操、对同僚却不争高下，表现得总是很谦卑、文弱、愚钝、怯懦。

有一次，他的姑表兄弟辛韬曾问及他当年为曹操谋取袁绍冀州的情况，他却极力否认自己的谋略贡献，说自己什么也没有做。

他为曹操"前后凡划奇策十二"，史家称赞他是"张良、陈平第二"，但他本人对自己的卓著功勋却守口如瓶，讳莫如深，从不对他人说起。他与曹操相处二十年，关系融洽，深受宠信，从来不见有人在曹操处以谗言加害于他，也没有一处得罪过曹操，使曹操不悦。

建安十九年荀攸在从征途中善终而死，曹操知道后痛哭流涕，说："孤与荀公达周游二十余年，无毫毛可非者。"并赞誉他为谦虚的君子和完美的贤人。

这都是荀攸避招风雨，精于应变的结果。避招风雨的应变策略，初看起来好像比较消极。其实，它并不是委曲求全、窝窝囊囊做人，而是通过少惹是非、少生麻烦的方式更好地展现自己的才华，发挥自己的特长。

　　同时，对于一些谋士来说，运用避招风雨的策略，不仅可以保命安身，还可以求得一个好的终结。"运筹帷幄，决胜千里"的千古良辅张良，在功成名就时，汉高祖让其择齐地3万户为封邑。

　　那时，连年战争，人口锐减，粮食奇缺。齐地素以富饶著称，对于立国不久、困难重重的汉朝来说，齐地的3万户是个极为丰厚的食禄。然而，张良却宛然谢绝了刘邦的厚赐，只选了个万户左右的留县，受封为"留侯"。**张良置荣利而淡之，行"避招风雨"术，其明哲保身的用心可谓良苦。**

　　所以，即便你声名远扬，即便你功勋卓著，即便你业绩骄人，即便你如日中天，你也不必目中无人、不可一世，而应谨言慎行、低调做人。盲目地自骄自负、不切实际地固执己见，就注定要以惨败而告终，此乃世事之必然、人生之警策。

心灵悄悄话

　　避招风雨的应变策略，初看起来好像比较消极。其实，它并不是委曲求全、窝窝囊囊做人，而是通过少惹是非、少生麻烦的方式更好地展现自己的才华，发挥自己的特长。

做人——
俯首甘为孺子牛

第九篇　诚信:忠为衣兮信为裳

　　在物欲横流的今天,虽然诚信在人们的眼中淡化了,然而我们仍然生活在这个地球上,我们人类在工作中仍然需要相互交流,不断交往,因此,诚信在现代社会还是很重要的,是无以替代的。假如每个人都带着虚假的面具,假如人与人之间都在编造谎言,彼此互相猜疑,彼此不信任,那么世界肯定会暗无天日。我们也会感到无所适从,不知道如何与人交往,不知道什么是我们立身成事的工作。

　　要切记,恪守自己的诺言。诚信是我们必不可少的准则,它应该而且必须在现代这个经济社会中起到至关重要的作用。

诚信是友情的基石

把纯洁的友情看成是金钱的附庸的人,在生活中比比皆是,他们对权势钱财看得特别重,谁有权有势就巴结逢迎,以求利用;谁有钱有势,便趋之若鹜,这种人不问是非曲直,吃吃喝喝就能混在一起,打着"朋友"的旗号,追求实利,这种"合作"带有明显的铜臭味。

这种势利朋友容易得到合作者,也容易失去合作者,容易结交也容易散伙。这种友谊是建立在权势钱财和杯盘烟酒之上的,是极端自私、虚伪的,带有极大的欺骗性和危害性,这种"友谊"是难以长久的。

日常生活中,我们也会遇到这样的情况,当你取得了成绩,有了荣誉之后,有的人殷勤地向你表示友好;而当你遇到挫折和困难时,他们则躲得远远的。这种讲实惠的实用主义性格是可鄙的。有的人对那些于自己有用的"朋友",就千方百计地加以笼络,对暂时用不上而将来有所求的"朋友",则滑头滑脑,若即若离地维持;对曾经有用,今后不再有用的"朋友",则置之脑后似乎不曾相识;对那些过去有恩于自己,后来陷于困境需要他帮助的"朋友",则忘恩负义,有的甚至趁火打劫、落井下石。

这些人的交友之道与做人最起码的道德格格不入。古希腊的政治家伯利克里说过:**"我们结交朋友的方法是给他人以好处,而不是从别人那里得到好处。"**这句话道出了选择朋友的道德标准。

势利之人之所以与你交往,看重的是你的权力、财富、美色,而一旦你失势、破财、人老珠黄,他就会弃你而去,与这种人实无友爱可谈。居里夫人说过这样一句名言:**"一个人不应该与被财富毁了的人来往。"**并警告我们不要交酒肉朋友、势利朋友,不要与势利之徒搞在一起,结成所谓的合作者。而这样的人是无法获得真正的友谊的。

酒肉之交不是朋友,患难才见真情。交友要有分寸,择友要讲究缘分。交友重在相互帮助,相互提高,共同面对人生的磨难,交友不慎会留下终生的遗憾。

如果我们想交朋友，就要先为别人做些事情——那些需要花时间、精力、体贴、奉献才能做到的事。

现代人生活忙忙碌碌，没有时间进行过多的应酬，日子一长，许多原本牢靠的关系，就会变得松懈，朋友之间逐渐互相淡漠。这是很可惜的。

"敢问情为何物，直叫人生死相许"，作为一个普通人都难逃脱一个"情"字。尽管当今社会有一句话："认钱不认人。"但是"人情生意"从未间断过。人既然能够为情而死，那么为情而做生意，又有什么不可？想想也是人之常情。

所以，**营造关系网，也需"感情投资"**。

让我们以做生意为例，所谓"感情投资"，说简单点，就是在生意之外多一层相知和沟通，能够在人情世故上多一份关心，多一份相助？即使遇到不顺当的情况，也能够相互体谅，"生意不成人情在"。

很多人都有忽视"感情投资"的毛病，一旦关系好了，就不再觉得自己有责任去保护它了，特别是在一些细节问题上，例如该通报的信息不通报，该解释的情况不解释，总认为"反正我们关系好，解释不解释无所谓"，结果日积月累，形成难以化解的问题。

更糟糕的是，人际关系亲密之后，一方总是对另一方要求越来越高，总以为别人对自己好是应该的；对方稍有不周或照顾不到，就有怨言。长此以往，很容易形成恶性循环，最后损害双方的关系。

可见，**"感情投资"应该是经常性的，不可似有似无。从生意场到日常交往，都应该处处留心，善待每一位关系伙伴，从小处、细处着想，时时落到实处**。

在这个世界上，人人都承认在人生经历中最为有益的事是友情。生活中拥有友情的人得到了众口同声的赞美。友情是于不知不觉中走进生活里来的，因此，生活中是不能没有友情的。人性是不喜欢孤独的，是需要扶助的，而亲爱的朋友便是能给你最好扶助的人。珍惜你所拥有的真挚的友情与真正的爱情，它能使你变得高尚，使生命变得更加充实。一切身外之物都不难得，难得的是一颗相通的心。

要使友谊之树深深扎根，根深叶茂，要得到朋友，就需要付出真诚。**用**

做人——俯首甘为孺子牛

真诚相待,才能换来真诚的朋友。如果把友谊仅仅局限于两三个人的小圈子里,而不愿与更多的人交往,不仅可能使自己失去与更多的人互相学习、互相交流的机会,而且使自己的视野狭窄,生活内容单调。因此,应该与更多的人交往。

心灵悄悄话

　　在这个世界上,人人都承认在人生经历中最为有益的事是友情。生活中拥有友情的人得到了众口同声的赞美。友情是于不知不觉中就走进生活里来的,因此,生活中是不能没有友情的。人性是不喜欢孤独的,是需要扶助的,而亲爱的朋友便是能给你最好扶助的人。珍惜你所拥有的真挚的友情与真正的爱情,它能使你变得高尚,使生命变得更加充实。一切身外之物都不难得,难得的是一颗相通的心。

要么不说，说了就要做到

　　帮助别人是好事，但是一定要量力而行，不能打肿脸充胖子。**答应帮助别人，就一定要信守自己的诺言**。所以，在帮助别人之前首先看自己能不能办到，如果没有把握就不要轻易对别人承诺。这是人人都明白的道理，可总有那么一些人不自量力，对朋友请求帮助的事情一口答应下来，事情办好了什么事也没有，假如办不好或只说不做，那就是不守信用，朋友就会埋怨你。

　　对于一个有权力的人来说更应该注意这一点，因为你有权，亲戚朋友托你办事儿的人一定不少。这时你应该好好考虑考虑，不能轻易答应别人。有的朋友求你帮忙的事可能不符合政策，这样的事最好不要许诺，而是当面跟朋友解释清楚，不要让朋友心存误会，认为你不愿帮忙；有的朋友找你办的事可能不违反政策，但确有难度，就需要跟朋友事先说明，这件事难度很大，我只能试试，办成办不成很难说，你也不要抱太大希望，这样做是给自己留有余地，万一办不成，也会有个交代。

　　当然，**对于那些举手之劳的事情，还是尽量答应朋友去办，但答应了后，无论如何也要去办好，不可今天答应了，明天就忘了，万万不能失信于人。**

　　我们在这里强调不要轻率地对朋友做出承诺，并不是说要一概回绝，而是要三思而后行。尽量不说"这事没问题，包在我身上了"之类的话，要给自己留一点余地。不经过考虑而随便承诺，只能害人害己。

　　春节联欢晚会上郭冬临曾演过这样一个小品：一个老实巴交的人担心自己的领导和同事会看不起自己，就假装自己手眼通天，别人求他办事，不管有多大困难一概来者不拒。为了帮别人买两张卧铺票，不惜自己通宵排队，结果不但自己吃苦不说，还闹出了一连串的笑话。

　　有时候，一些比较不错的朋友托你办事时，你为了保全自己的面子，或为给对方一个台阶,往往对对方提出的一些要求,不加分析地加以接受。但不少事情并不是你想办就能办到的,有时受各种条件、能力的限制,一些事是很可能办不成的。因此,当朋友提出托你办事的要求时,你首先得考虑这事你是否有能力办成,如果办不成,你就得老老实实地说,我不行。随便夸下海口或碍于情面都是于事无补的。

有人来托你办一件事,这人必有计划而来,最低限度,他已准备好怎样说了。你这方面,却一点儿准备都没有,所以,他可是稳占上风的。

他托的事,可为或不可为,或者是介于两者之间,你的答复是怎样的呢?许多人都会采取拖的手法,"让我想想看,好吗?"这话常常会被运用。

有些时候,许多人会做一种不自觉的承诺,所谓"不自觉的承诺",就是"自己本来并未答允,但在别人看来,你已有了承诺"。这种现象,是由于每一个人都有怕"难为情"的心理,拒绝属于难为情之类,能够避免就更好。

但要记住,现在大多数人都喜欢"言出必行"的人,却很少有人会用宽宏的性格去谅解你不能履行某一件事的原因。因此,拿破仑说:**"我从不轻易承诺,因为承诺会变成不可自拔的错误。"**

"你的承诺和欠别人的一样重要。"这是人们的普遍心理。

当对方没有得到你的承诺时,他不会心存希望,更不会毫无价值地焦急等待,自然也不会有被拒绝的惨痛。相反,你若承诺,无疑在他心里播种了希望,此时,他可能拒绝了外界的其他诱惑,一心指望你的承诺能得以兑现,结果你很可能毁灭他已经制订的美好计划,或者使他延误寻求其他外援的机会,一旦你给他的希望落空,那将是扼杀了他的希望。

事物总是发展变化的,你原来可以轻松地做到的事可能会因为时间的推移、环境的变化而有了一定的难度。假如你轻易承诺下来,会给自己以后的行动增加困难,对方因为你现在的承诺而导致将来的失望。因此,即使是自己能办的事,也不要轻易承诺,不然一旦遇上某种变故,让本来能办成的事没能办成,这样一来,你在他人眼里就成了一个言而无信的伪君子。对时间跨度较大的事情,可以采取延缓性承诺。

东汉末年,华歆、王朗一同乘船逃难。有一个人要搭船,华歆很为难,王朗说:"希望你大度一些,只是搭搭船有什么不可以?"后来强盗追来,王朗想把搭船的人扔掉,华歆说:"我刚才之所以犹豫,正是因为这个,既然已经接纳了他,他把自己托付给我们了,怎么能由于危难而抛弃他呢?"世人以这件事评价华歆和王朗的好坏。

信守诺言是人的美德,有人把自己的信誉看得比生命还重要。但是有些人在生活中或生意上经常不负责任地许各种诺言。却很少能遵守,结果失信于人,给人留下很坏的印象。假如你答应要做某件事,就必须办到;假如你办不到或是觉得得不偿失,就不要答应别人,你可以找任何借口来推辞,但绝不要随口说:"没问题!"假若实在不好推脱,也不要把话说死,你说试试看而没有做到,那么你给对方留下的印象就是:你曾经试过,结果失败了。别人也不会责怪你不守信用。

你的信用能给予别人良好的印象,在这个社会中再没有什么比别人的信任更珍贵。因此,你在接到别人的请求时,一定要考虑清楚,千万不要轻易许诺。许了诺,便一定要不惜一切代价地去遵守,即使没有成功,别人也会为你的性格所打动,他们会认为你是一个讲信誉的人,从而会信赖你,有了众人的信赖你在生活中才有可能立于不败之地。

为人处事,应当讲究言而有信,行而有果。因此,承诺不可随意为之,信口开河。明智者事先会充分地估计客观条件,尽可能不做那些没有把握的承诺。

须知,有了承诺,就应该努力做到,千万不要乱开"空头支票",不然不仅伤害了对方,还会毁坏自己的声誉,使你在社会上难有立足之处。

🦋 心灵悄悄话

当对方没有得到你的承诺时,他不会心存希望,更不会毫无价值地焦急等待,自然也不会有被拒绝的惨痛。相反,你若承诺,无疑在他心里播种下希望,此时,他可能拒绝外界的其他诱惑,一心指望你的承诺能得以兑现,结果你很可能毁灭他已经制订的美好计划,或者使他延误寻求其他外援的机会,一旦你给他的希望落空,那将是扼杀了他的希望。

做人——俯首甘为孺子牛

一诺千金,言出必行

现代社会要求人们讲究诚信。**诚信,简而言之就是诚实守信,它是做任何事情的前提,也是一个人为人处世的最基本的要求。**如果我们一味地虚伪,换回来的只会是利益相关之下的交情。要得到别人的信任,首先要靠自己的坦诚,也就是说要以真诚待人,拿出自己的真心,涉及其他人的利益时,要设身处地地为他人着想。

诚实守信是一种人格。任何人都应该努力培植自己良好的名誉,使人们都愿意与你深交,都愿意竭力来帮助你。一个明智的人一定要把自己训练得十分出色,不仅要有做事的本领,为人也要做到十分的诚实和坦率。

诚信是做人之本,有些人可能会认为成功人士的成功来自他工作技巧的精妙,而实际上,诚实更是他成功的主要条件。

很多现代工商界人士只知道名震海内外的"宁波帮",但极少知道它的奠基者严厚信,也不知道他是我国近代第一家银行、第一个商会、第一批机械化工厂的创办者,更不知道为什么他在当时的工商界信誉卓著、成就令人瞩目。

严厚信原籍慈溪市,少年时,因为家里贫困,只上过几年私塾,辍学后在宁波一个钱庄当学徒。但他没干多少时间就被老板借故"炒了鱿鱼"。之后,他经同乡介绍在上海小东门宝成银楼当学徒。在此期间,他手脚勤快、头脑灵光,很快掌握了将金银熔化的技术,并掌握了打铸钗、簪、镯、戒指和项圈等各种首饰的技巧。同时,业余时间他酷爱读书,尤其酷爱书法和绘画。他常常临摹古今名家的作品,几乎可以达到以假乱真的程度。

后来,严厚信在生意中结识了"红顶商人"胡雪岩。一次,胡雪岩在宝成银楼定做一批首饰,严厚信亲自动手,做好后又亲自送去。胡雪岩给他一包银子,要他点一下,他说:"我相信胡老爷,不用点。"但是,拿到店里数一下,发现少了 2 两银子,他不声不响,将自己的辛苦工钱暗暗地凑在里面,交给了老板。又一次,胡雪岩要宝成银楼的首饰,严厚信送去之后,又数也不数拿了一包银子回来。可是,回来一数,吓了一跳,多出了 10 两银子。10 两银子,当时相当于一个小伙计几年辛苦的工钱。然而,他想起家里大人的教诲,绝不能要昧心钱。因此,次日一早,他马上送还给了胡雪岩。

其实,同前一次一样,这是胡雪岩试他的品行。自然,他得到了胡雪岩的好感。继而,他以自画的芦雁团扇赠给胡雪岩,深得胡雪岩的赏识,称赞他"品德高雅、厚信笃实,非市侩可比",于是,将他推荐给了中书李鸿章。他得到了在上海转运饷械、在天津帮办盐务等美差,逐渐积累了一些金钱。之后,在天津开了一家物华楼金店。

严厚信拿自己的诚信换取了他人的信任和赏识,他人的信任和赏识也把严厚信推向了成功与卓越。

换个角度来说,一个人一旦失信于人一次,别人下次再也不愿意和他交往或发生贸易往来了。别人宁愿去找信用可靠的人,也不愿再找他,因为他的不守信用可能会生出很多麻烦。

许多人能获得成功,靠的就是获得他人的信任。但到今天仍然有很多人对于获得他人的信任一事漫不经心、不以为然,不肯在这方面花些心血和精力。

李嘉诚十分诚恳地拿一句话奉劝想在工作上有所作为的人:你应该随时随地地去加强你的信用。一个人要想加强自己的信用,并非心里想着就能实现,他一定要有坚强的决心,以努力奋斗去实现。只有实际的行动才能实现他的志愿,也只有实际行动才能使他有所成就。

换言之,**要获得人们的信任,除了一个人人格方面的基础外,还需要实际的行动。**

一个企业的开始意味着一个良好信誉的开始。

有了信誉,自然就会有财路,这是一个企业发展必须经历的过程,就像做人一样,对自己所说出的每一句话、做出的每一个承诺,一定要牢牢记在心里,并且一定要能够做到。兑现自己的承诺,这也不仅仅是个人品质问题,更对工作有深远影响。

如果要取得别人的信任,你就必须做到恪守承诺。在做出每一个承诺

做人——俯首甘为孺子牛

之前,必须经过详细的审查和考虑。一经承诺,便要负责到底。即使中途有困难,也要坚守承诺,贯彻到底。当我们这样付出后,我们得到的可能不仅仅是别人的信任。

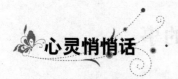

心灵悄悄话

你应该随时随地地去加强你的信用。一个人要想加强自己的信用,并非心里想着就能实现,他一定要有坚强的决心,以努力奋斗去实现。只有实际的行动才能实现他的志愿,也只有实际的行动才能使他有所成就。

说谎是很累人的事

做人为什么要诚实？

诚实会使我们内心坦然，而说谎、虚假、欺瞒，则会折磨你的良心，让你的心境处在一种灰暗、忐忑不安、时刻紧张的状态中。这种自我折磨正是不诚实的必然结果。

古波斯诗人萨迪说：**"讲假话犹如用刀伤人，尽管伤口可以治愈，但伤疤将永远不会消失。"**他还说：**"宁可因为真话负罪，不可靠假话开脱。"**

萨迪的话的确很耐人寻味。说谎或说假话，常被一些人视为"聪明"的处世之道。他们为了掩饰自己的过错或推脱责任而说谎，或者为了谋取个人利益而骗人。他们自以为得计，或暂时得逞，但假的就是假的，谎言早晚有被揭穿的一天，那时他们将因自己的不诚实而失去他人的信任。流言在被骗者心头留下的伤疤是很难消失的。我们都知道那个"狼来了"的故事，小男孩可以一次再一次地骗人，但当狼真的来了时，就没有人再相信他了，他只能眼睁睁地看着羊被狼叼走。

有一个笑话，说有一个老太婆卖松花蛋，就是鸡蛋外面糊着一层泥和草的那种。松花蛋卖得很火，老太婆动心眼了：我干吗这么实诚呢？她于是把大鸡蛋换成了小鸡蛋，外面糊上厚厚的泥。没想到，照样卖得很火。老太婆尝到"甜头"了，又把鸡蛋换成了土豆——还是卖得很火。一不做二不休，老太婆索性用鹅卵石代替土豆，冒充松花蛋卖。她的"松花蛋"还是卖得很火！

当老太婆高高兴兴地点着手里的钞票时，她的头上突然下起了"雹雨"——一块块鹅卵石、一颗颗土豆，甚至还有一个个鸡蛋，劈头盖脸地都砸向了她。

说谎，其实是一桩很累人的事。

做人——俯首甘为孺子牛

有人说,我也知道做人要诚实,但现实生活中,诚实的人常常吃亏,你不说假话,就很难办成事。

这里存在着误区,就是如何看待"吃亏",如何看待"办成事"。

我们看到身边和社会上一些人靠说假造假"办成"了"事",那是什么"事"呢?是骗到了一官半职,是赚到了不义之财,是用一纸买来的假文凭在某公司谋到了好差事,是用让人代笔写的论文拿到了毕业证书,是像有些地方的考生通过作弊上了大学……这样的"事"即使办成了,又有什么可让人羡慕的呢?这不是违法乱纪的行为吗?除了那些利令智昏、全然视法律为儿戏、不惜以身试法的坏人外,我们相信,这多数仅仅是私心作祟,对一时犯糊涂的人来说,他们**靠这种手段侥幸"成功"于一时,但从此以后,恐怕就要生活在良心的自责和唯恐被揭穿的恐惧之中了**。这是"得便宜"还是"吃亏"?

诚实的人是会吃一些"亏"的,如当存在着不公平、不公正的情况,或你面对的是一个并不诚实的人时。你有真才实学,你相信靠本事吃饭,结果领导却给他的三亲六故加薪提职,却把你这老实人抛在一边,你明显是"吃亏"的。但这不是诚实的罪过,而是不公正的领导的罪过。**你应该对这种不公正愤怒,而不能对诚实愤怒**。你愿意因此而扭曲了自己,从此也去做一个不诚实的、待人不公正的人吗?那你岂不是把自己也变成了像你的"领导"那一类你瞧不起的人?

现在有一种说法,叫说谎不可以,但说"善意的谎言"无伤大雅。有人甚至说"善意的谎言"是生活的调味品。是的,我们有时的确需要说说谎,比如,为了不给患病的亲人增加精神压力而谎说他的病情;或者为了安慰失去亲人的人而瞒着噩耗。这都是不得已的事,是权宜之计,这当然是无可厚非的。**但现在有一种倾向,却是在"善意的谎言"的名义下,心安理得地欺骗自己的亲人、朋友、同事等**。或许事情并不大,例如,对妻子谎称是单位加班,而实际上是与朋友去打麻将;或明明是与昔日的恋人见面(绝对是很正常的见面),却告诉妻子是去参加同事聚会……诸如此类,据说都是为了避免不必要的矛盾或误解等。

当然,这种"善意的谎言"你仍可以撒,但你想没想过,一是败露后会不会伤害感情?二是谎话太多你累不累?你有没有更深入反省一下,为什么很正当的事却要撒谎——哪怕是用善意的谎言来掩护呢?这是不是说明你和对方还是彼此缺乏信任？或者就是你自己心里有那么一点不踏实的东西在作祟？

有一个外国作家说："**无害的谎言说多了也会有害。**"所以，所谓"善意的谎言"能不说还是尽量不要说吧！

时至今天，诚实仍应该是我们每个年轻人所追求的美德。

人民教育家陶行知曾满腔热情地赞扬过一个叫平老静的老者，称他"平凡而伟大"。平老静当年在河北保定开了一家肉包子铺。他拿了包金的镯子去当，赎回来的是真金镯子，就去当铺还掉。大家都知道平老静是诚实人，都去他的铺子里买包子，因此生意兴隆。这就是社会对诚实的认同。

诚实不欺，不但使你求得良心的平静，也能帮助你获得他人的信任，以促成你事业的成功。

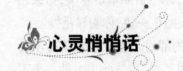
心灵悄悄话

诚实的人是会吃一些"亏"的，比如当存在着不公平、不公正的情况下，或你面对的是一个并不诚实的人时。你有真才实学，你相信靠本事吃饭，结果领导却给他的三亲六故加薪提职，却把你这老实人抛在一边，你明显是"吃亏"的。但这不是诚实的罪过，而是不公正的领导的罪过。你应该对这种不公正愤怒，而不能对诚实愤怒。

做人——俯首甘为孺子牛

诚实,是一种力量

齐白石70多岁的时候,对人说:"我才知道,自己不会画画。"人们齐声称赞老人的谦逊。老画家说,我真的不会画画。人们会越发称赞,当然没有人相信他说的话。齐白石从古人与造化中看出自己能力的细微,是接近真理时的谦逊。

巴金也曾经说过:我不会写作……闻者惊诧不已,巴金不会写谁还会写呢？但如果认真地读他的作品,感到巴金的确只把非说不可的话说出来,技艺也居末位。

牛顿也说过:在宇宙的秘密面前,我只是个在海边拾捡贝壳的儿童。

爱因斯坦被推举担任以色列首届总统,被谢辞。他说:我只适合从事与物理学相关的一些工作。

这些高明人士的嘉言懿行,以往都被当作谦逊的美德加以赞扬。其实,真正的谜底在于他们的坦诚、真实。

诚实有时如同谦逊,甚至如同幽默。这是被大人物的光环虚化的误读。**诚实是一个人走向人生顶峰时所自然呈现的坦诚,是一种坚韧的力量。**在他们那里,一切谎言虚饰都变得毫不重要,甚至可憎。

在缺少力量的人的眼里,往往离不开虚假,像没有力量走路的人离不开拐杖那样。

诚实是一种力量,一种美的力量。

和诚实的人打交道,令人心仪。他们的平静以及坦白,初听起来有一点意外。突如其来的真话甚至像假话。

诚实的人常常谈笑从容,他们的眼睛和口气使你无法怀疑话语的真实。他们可以坦诚地谈论自己的出身、处境和对事情的看法,使你感到所谓荣辱进退、尊卑显隐之间,有一个大的道理的存在。掌握这一道理的人敢以真面目示人,这样的人让人感到踏实牢靠。

诚实的人同时是得大自在、占大便宜的人。他们比诡诈的人更放松，因而更有智力。他们没羁绊，也不设防，也不需要借助更多的辞令、表情身世来解释自己。诚实的人把真话像石头一样卸到了别人的怀里，自己反得轻松。

所谓"从文化上怀疑"，是指在我们民族的人际交往观念中，大都贬低诚实的作用。诚实者，除了吃亏之外，还怕被别人低估自己的智力水准。而不能，是一个长期在不讲真话的环境下生存已久，诚实的机制已经迟钝，诚实会与他整个世界观相对立。一个历史悠久的民族在经济全球化的后工业时代检讨诚信，实在是一件大可悲伤的事情。但这是一条正道，光明无碍，月满天心，让人感到创新与再造的活力。

有一个年轻的小伙子，与年迈的父亲一同住在海边。性格孤僻的他，很少与同龄人一同玩耍，唯一的朋友就是海边那一群海鸥。

每天到海边与海鸥一同嬉戏是他的必修课，久而久之，他与海鸥之间形成了一种默契，只要他站在海边，吹一声口哨，成百上千只海鸥就会降落在他的周围。他跑，海鸥盘旋在他的上空；他坐，海鸥落在他的肩上；他躺在沙滩上，海鸥就在他的身上憩息。远远望去形成了一道美丽的风景，人们见了无不称奇。后来，有人对他父亲说："你儿子与海鸥的关系如此亲密，就拜托他捉几只回来玩玩。"

父亲也觉得新鲜，对他说："乡亲们说你经常与海鸥一起嬉戏，关系甚是友好，给我也捉一只来吧，我也想体验一下那种滋味。"小伙子答应了父亲的请求。

第二天，他与往日一样，刚到海边，就吹了一声长长的口哨，一群海鸥马上出现在他的上空。

可是，奇怪的事情发生了，无论他多么努力地吹口哨，海鸥仍然盘旋在他的上空，就是不肯与他接近。

与人交往贵在真诚，世界上乐于被朋友算计的人恐怕是不存在的。因此，真诚相待已成为结交朋友的一项永不更改的法则。如果对待朋友心怀鬼胎，被孤立是迟早要发生的事。

对朋友要以诚相待。将心比心、投桃报李的道理每个人都懂，在为人处

做人——俯首甘为孺子牛

世中,你将一颗真诚的心交给对方,对方也一定回报你一份真挚、浓厚的友情。

 心灵悄悄话

　　诚实的人常常谈笑从容,他们的眼睛和口气使你无法怀疑话语的真实。他们可以坦诚地谈论自己的出身、处境和对事情的看法,使你感到所谓荣辱进退、尊卑显隐之间,有一个大的道理的存在。掌握这一道理的人敢以真面目示人,这样的人让人感到踏实牢靠。

第十篇　乐观：千金散尽还复来

在这个充满竞争和压力的社会，越来越多的人渴求成功，有些人付出了很多努力，却离成功越来越远；有些人每天都在加班，但是工作仍然毫无起色；有些人攀上了事业的高峰，但是压力却越来越大，快乐越来越少……问题出在哪里？可能就是因为没有一个乐观的性格和阳光的心态。塑造阳光的性格，让我们驱散心中的阴霾，拥有人生的万里晴空！

把忧虑快速地驱逐出心境，是医治忧虑的良方。但多数人的缺点就是不肯开放心扉，让愉快、希望、乐观的阳光照耀，相反却紧闭心扉想以内在的能力驱走黑暗。

笑对世间起伏事

天有不测风云,人有旦夕祸福,生命之舟始终沉浮不定,**我们要笑看人生沉浮:"沉"时,志气不能丢;"浮"时,骨气不动摇。**一个人拥有乐观的性格与心态,从容淡定地应对人生的沉浮,便能使自己的每一天都过得开心愉快。

很久以前,有一个屡屡失意的年轻人来到寺院,慕名拜访老僧释圆大师。

"人生总不如意,苟且活着,有什么意思?"年轻人沮丧地对释圆大师说道。

释圆大师静静地听着年轻人的叹息,随后吩咐小和尚说:"这位施主远道而来,烧一壶温水送过来。"过了一会儿,小和尚送来了温水,释圆大师抓了茶叶放进杯子,然后用温水沏了,微笑着请年轻人喝茶。

杯子里冒出微微的水汽,茶叶静静地浮着,年轻人不解地询问:"宝刹怎么用温水泡茶?"释圆大师笑而不语。年轻人喝了一口细品,不由摇摇头:"一点茶香都没有。"释圆大师说:"这可是名茶铁观音啊。"年轻人又端起杯子品尝,然后肯定地说:"真的没有一点茶香。"

释圆大师又吩咐小和尚说:"再去烧一壶沸水送过来。"不一会儿,小和尚便提着一壶沸水进来。释圆大师起身,又取过一个杯子,放茶叶,倒沸水,再放在茶几上。年轻人俯首看去,茶叶在杯子里上下沉浮,丝丝清香不绝如缕,令人望而生津。年轻人欲去端杯,释圆大师作势挡开,又提起水壶注入一线沸水,茶叶翻腾得更厉害了,一缕更醇厚更醉人的茶香袅袅升腾。释圆大师如是注了5次水,杯子终于满了,这时绿绿的一杯茶水端在手上清香扑鼻,沁人心脾。

释圆大师笑着问:"施主可知道,同是铁观音,为什么茶味迥异?"年轻人思忖着说："一杯用温水,一杯用沸水,冲沏的水不同。"释圆大师点头："用水不同,则茶叶的沉浮就不一样。温水沏茶,茶叶轻浮水上,怎会散发清香?沸水沏茶,反复几次,茶叶沉沉浮浮,最终释放出四季的风韵:既有春的幽静、夏的炽热,又有秋的丰盈和冬的清冽。世间芸芸众生,又何尝不是沉浮的茶叶? 那些不经风雨的人,就像温水沏的茶叶,只在生活表面漂浮,根本浸泡不出生命的芳香;而那些栉风沐雨的人,如被沸水冲沏的酽茶,在沧桑的岁月里几度沉浮,才有那沁人的清香啊!"

年轻人若有所思,惭愧不已。

浮生若茶,我们何尝不是一撮生命的清茶? 命运又何尝不是一壶温水或滚烫的沸水? **茶叶因为沉浮才释放了本身的清香,而生命也只有遭遇一次次挫折和坎坷,才激发出人生那一缕缕幽香!**

在我们未来的人生旅途中,总会发生许许多多的变化:贫富的变化、环境的变化、工作的变化、身份的变化,所有的变化最终都会引起生活的变化,以至人生的变化。在变化中,培养自己豁达开朗的性格,用积极处世的心态把握人生,在变迁中体验人生,不断地改变自己的生活目标,调节生活内容,只有这样,生活之舵才不会有所偏移;让自己主动去适应每一次沉浮变幻,未来的生活才有定向。否则,终有一天会迷失方向而不知何去何从。

我们都是平凡人,有时背一点、穷一些是常事,学会豁达、洒脱,摆脱心浮气躁,才会拥有一个幸福安然的人生。

古希腊大哲学家苏格拉底还是单身汉的时候,曾经和几个朋友住在一间只有七八平方米的小屋里,可他一天从早到晚总是乐呵呵的。

有人问他:"那么多人挤在一起,连转个身都困难,有什么可高兴的?"

苏格拉底说:"朋友们在一块儿,随时都可以交换思想,交流感情,这难道不是很值得高兴的事儿吗?"

过了一段时间,朋友们一个个成家了,先后搬了出去。屋子里只剩下了苏格拉底一个人,但是每天他仍然很快活。

那人又问:"你一个人孤孤单单的,有什么好高兴的?"

苏格拉底说:"我有很多书啊! 一本书就是一个老师,和这么多老师在一起,时时刻刻都可以向它们请教,怎能不高兴呢!"

几年后,苏格拉底也成了家,搬进了一座大楼里。这座大楼有七层,他的家在最底层。底层在这座楼里是最差的、不安静、不安全,也不卫生。上面总是往下面泼污水,丢死老鼠、破鞋子、臭袜子和杂七杂八的脏东西。那人见他还是一副喜气洋洋的样子,好奇地问:"你住这样的房间,也感到高兴吗?"

"是呀!"苏格拉底说,"你不知道住一楼有多少妙处啊! 比如,进门就是家,不用爬很高的楼梯;搬东西方便,不必花很大的劲儿;朋友来访容易,用不着一层楼一层楼地去叩门询问。特别让我满意的是,可以在空地上养花种菜。这些乐趣,真是数之不尽啊!"

过了一年,苏格拉底把一层的房间让给了一位朋友,这位朋友家有一个偏瘫的老人,上下楼很不方便。他搬到了楼房的最高层——第七层,可是每天他仍是快快活活的。

那人揶揄地问:"先生,住七层楼也有很多好处吗?"

苏格拉底说:"是呀,好处多着呢! 仅举几例吧:每天上下几次,是很好的锻炼机会,有利于身体健康;光线好,看书写文章不伤眼睛;没有人在头顶干扰,白天黑夜都非常安静。"

对于每一个人来说,生活中遇到不幸的事情是再正常不过的,如果你始终对不幸耿耿于怀,快乐就永远不会回来。因此,只有培养自己豁达乐观的性格,笑对人生起伏的处世心态,淡化不幸、抓住眼前的快乐,才会让生命重放光彩。

心灵悄悄话

世间芸芸众生,又何尝不是沉浮的茶叶? 那些不经风雨的人,就像温水沏的茶叶,只在生活表面漂浮,根本浸泡不出生命的芳香;而那些栉风沐雨的人,如被沸水冲沏的酽茶,在沧桑岁月里几度沉浮,才有那沁人的清香

乐观做主，告别抑郁

让乐观做主

豁达的人不会受苦闷摆布，相反他们可以摆布苦闷，他们的办法就是用乐观的心态去面对一切令自己不开心的事情。所以，他们的内心世界从来不会有黑暗的角落，在别人眼里他们也永远是逍遥、乐观派。

拿得起、放得下是一种大的处世智慧，它教你怎样快乐地享受生命中的每一天，告诉你要将人生中不如意的事通通抛到九霄云外，快乐地迎接每一天。

告别抑郁拥抱快乐

抑郁代表的是一种消极的意识和自我折磨的心态。有人认为抑郁只不过是由性格内向导致的，没有什么大不了的，殊不知这种不良情绪是严重制约人做大事的性格之一，我们应当用积极乐观的性格去面对生活，消除抑郁。

一些人的抑郁是由某一些生活事件，诸如失业、住房问题、贫穷或重大的财产损失造成的。另一些人的抑郁似乎与遗传有关。还有一些人，早期苦难的生活经历，使得他们具有抑郁的易感性。更有一些人其抑郁根源于家庭、人际关系或与社会隔绝等问题。当然，人们或许有其中一种或多种问

做人——俯首甘为孺子牛

题。因此，毫不奇怪，我们对付抑郁，需要各种治疗方法和手段，对一个人有效的方法或许对另一个人无效。

下面几种对抗抑郁的方法，你不妨尝试一下：

1. 日常生活要合理安排

抑郁的人对日常必需的活动会感到力不从心，因此，我们应对这些活动进行合理安排，以使它们能一件一件地完成。以卧床为例，如果躺在床上能使我们感觉好些，躺着无疑是一件好事。但对抑郁的人来说，事情往往并非这么简单。他们躺在床上，并不是为了休息或恢复体力，而是一种逃避的方式，渐渐地他们会为这种逃避而感到内疚、自责。因此，最重要的是，努力从床上爬起来，按计划每天做一件积极的事情。

有时，一些抑郁者常常带着这样的念头强制自己起床，"起来，你应该努力了，你怎么能光躺在这儿呢？"其实，与之相反的策略也许会有帮助，那就是学会享受床上的时光。一周至少一次，你可以躺在床上看报纸，听收音机，并暗示自己：这多么令人愉快。你应当学会，在告诉自己起床干事情的时候，不再简单地"强迫自己起床"，而是鼓励自己起床，因为躺在那儿想自己所面临的困难，会使自己感觉更糟糕。

2. 有步骤地对抗抑郁

对抗抑郁的方式之一，就是有步骤地制订计划。尽管有些麻烦，但请记住，你正训练自己换一种方式思维。如果你的腿断了，你将会思考如何逐渐地给伤腿加力，直至完全康复。有步骤地对抗抑郁也必须是这样的。

现在，尽管令人厌倦的事情没有减少，但我们可以计划进行一些积极的活动，即那些能给你带来快乐的活动。例如，如果你愿意，你可以坐在花园里看书、外出访友或散步。有时抑郁的人不善于在生活中安排这些活动，他们把全部的时间都用在痛苦的挣扎中，一想到房间还没打扫就跑出来，便会感到内疚。其实，我们需要积极的活动，否则，就会像不断支取银行的存款却不储蓄一样。快乐相当于你银行里的存款，哪怕你所从事的活动，只能给你带来一丝丝的快乐，你都要告诉自己：我的存款又增加了。

抑郁患者的生活是机械而枯燥的。有时,这似乎是不可避免的。解决问题的关键,仍然是对厌倦进行诊断,然后逐步战胜它。

抑郁个体常感到与人隔绝、孤独、闭塞,这是社会与环境造成的。情绪低落是对枯燥乏味、缺乏刺激的生活的自然反应。

3. 往好的一面去想

许多抑郁症患者是真正的战士,很少有抑郁的人能意识到自己的极限。有时,这与完美主义密切相关。专家喜欢用"燃尽"一词描述那些处于被挖空状态的个体。对一些人而言,"燃尽"是抑郁的导火索。无论是待在家里,还是忙于应付各种工作任务,你一定要记住:你与其他人一样,所能做的工作是有限的。

克里斯·托蒂便是一个战胜抑郁症的真正的战士。克里斯住在西雅图。他说道:"我从退役后不久,便开始做生意,我日夜辛勤地工作,买卖做得很顺利。不久麻烦来了,我找不到某些材料和零件,眼看生意要做不下去了,因为忧虑过度,我由一个正常人变成愤世嫉俗者。我变得暴躁易怒,而且——虽然那时并没有觉察到——几乎毁了原本快快乐乐的家庭。一天,一位年轻残废的退役军人告诉我:'克里斯,你实在该感到惭愧,你这种模样好像是世界上唯一一遭到麻烦的人。纵使你得关门一阵子,又怎么样呢?等事情恢复正常后再重新开始不就得了?你拥有许多值得感恩的东西,却只是咆哮生活而已。老天,我还希望能有你的好状况呢!看看我,只有一只手,半边脸几乎被炮弹打掉,我却没抱怨什么。如果你再不停止吼叫和发牢骚,不只会丢掉生意,还有健康、家庭和所有的朋友!'"

"这些话对我真是当头一棒。我终于体会到自己是何等富有?于是我改变了自己的性格,回到了从前的自我。"

安妮·雪德丝在还没有懂得"为所有而喜,不为所无而忧"的道理前,正面临一场不幸。她那时住在亚利桑那州,下面是她讲述的遭遇:

"我的生活一向忙乱——在亚利桑那大学学钢琴,在镇上主持一家语言障碍诊所,同时还指导一个音乐欣赏班。我就住在绿柳农场里,我们在那里可以聚会、跳舞,在星光下骑马。可是,有一天早上我因心脏病而倒下了。

'你得躺在床上一年,要绝对地静养。'医师并没有自我保证说我还会像以前一样健壮。"

"在床上躺一年,意味着我将要成为一个无用的人——或许我会死掉!我感到毛骨悚然。为什么这种事会发生在我身上?我做了什么竟会遭到这种惩罚?我又悲痛又感到愤恨不平,却还是照着医师的嘱咐躺在床上。邻居克拉拉先生是个行为艺术家,他告诉我:'你以为在床上躺一年是不幸,其实不然。现在,你有了时间去思考、去认识自己,心灵上的增长将大大多于以往。'我平静下来,读些励志书籍,试着找出新的价值观。一天,收音机传出评论员的声音:'唯有心中想什么,才能做什么。'这种论调我以前不知听过多少次,这次却深深地打进了心坎里。我改变了主意,开始只注意自己需要的东西:欢乐、幸福、健康。我强迫自己每天一醒来就为拥有的一切赞美感谢:没有痛苦、可爱的女儿、健康的视力及听力、收音机里优美的音乐、有阅读的时间、丰富的食物、好朋友等。当医师准许我在特定时间内可以让亲友来访时,我是多么高兴啊!"

"好几年过去了,现在,我的日子过得充实而有活力,这实在应该感谢躺在床上的那一年。那是我在亚利桑那最有价值、最快乐的一年,因为我养成了每天清晨感谢赞美的习惯。惭愧的是,由于害怕死亡,才使我真正学习到如何过真正的生活。"

4、不要太过自责

抑郁的时候,我们感到自己对消极事件负有极大的责任,因此,我们开始自责。这种现象的原因是复杂的,有时,自我责备是从家庭中习得的,在我们小时候当家里出现问题时,受到责备的常常是我们。因此,即使是受虐待的儿童都学会了责备自己——这当然是荒唐可笑的。遗憾的是,善于责备他人的成年人,常挑选那些最无辩驳能力的人做他们的责备对象。

阿格尼丝是一个很爱自责的人,她的妈妈常常责备她给自己的生活造成了痛苦,久而久之,阿格尼丝就接受了这种责备。每当亲密的人遇到困难时,她就开始责备自己。然而,当阿格尼丝寻找证据时,她发现,造成她妈妈生活不幸的原因很多,包括婚姻问题、经济拮据等。但阿格尼丝小时候无法认识到这么深刻,只能相信妈妈告诉她的话。

抑郁者的自责是彻头彻尾的。当不幸事件发生或冲突产生时，他们会认为这全是他们自己的错。这种现象被称作"过分自我责备"，是指当我们没有过错，或仅有一点过错时，我们出现承担全部责任的倾向。然而，生活事件是各种情境的组合体。当我们抑郁的时候，跳出圈外，找出造成某一事件的所有可能的原因，会对我们有较大的帮助。我们应当学会考虑其他可能的解释，而不是仅仅责怪自己。

　　有时候改变生活方式也可以帮你摆脱抑郁，当你感觉情绪不佳时，就要努力调整自己，最大限度地吸收新东西，你会发现自己的情绪也随之飞扬起来。

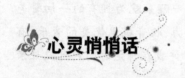

心灵悄悄话

　　豁达的人不会受苦闷摆布，相反他们可以摆布苦闷，他们的办法就是用乐观的心态去面对一切令自己不开心的事情。所以，他们的内心世界从来不会有黑暗的角落，在别人眼里他们也永远是逍遥、乐观派。拿得起、放得下是一种大的处世智慧，它教你怎样快乐地享受生命中的每一天，告诉你要将人生中不如意的事通通抛到九霄云外，快乐地迎接每一天。

做人——俯首甘为孺子牛

微笑是驱散忧虑的阳光

细微的情绪带来的危害是远远超过我们的预料的，比如，你毫不在意的忧虑情绪就可能损害你的自信心，并让别人远离你。幸好这种情绪并不是不可战胜的，一个灿烂的微笑就可以告别忧虑。

微笑来自快乐，它带来快乐也创造快乐。美国有一句名言：**"乐观是恐惧的杀手，而一个微笑能穿过最厚的皮肤。"**形象地说明了微笑的力量不可抵挡。

美国有这样一则笑话：几位医生纷纷夸耀自己的医术高明。一位医生说他给跛子接上了假肢，使他成为一名足球运动员；另一位医生说他给聋人安上了合适的助听器，使他成为一名音乐家；而美容大夫说，他给智力障碍者添上了笑容，结果那位智力障碍者成了一名国会议员。

这则笑话虽有些夸张，却也能从侧面说明微笑的魅力。**生活中如果失去了乐观的气氛，就会如同荒漠一样单调无味**。一个微笑不费分毫力气，如果你能始终慷慨地向他人行销你的微笑，那你获得的回报将不仅仅是一个微笑，你将获得长期的客户关系；你将获得丰厚的报酬；你将获得事业的成功。

人不应把全盘的生命计划、重要的生命问题，都去同感情商量。

无论你周遭的事情是怎样的不顺利，你都应努力去支配你的环境，把你自己从不幸中挣脱出来。你应背向黑暗、面对光明，阴影自会留在你的后面。

把忧虑快速地驱逐出心境，是医治忧虑的良方。但多数人的缺点就是不肯开放心扉，让愉快、希望、乐观的阳光照耀，相反却紧闭心扉想以内在的能力驱走黑暗。他们不知道外面射入的一缕阳光会立刻消除黑暗，驱除出那些只能在黑暗中生存的心魔!

你要想获得别人的喜欢,就要真正地微笑。真正的微笑,是一种令人心情温暖的微笑,一种发自内心的微笑,这种微笑才能帮你赢得众人的喜欢。你见到别人的时候,一定要很愉快,如果你也期望他们很愉快地见到你的话。

兰登是阿肯色州一家电器公司的销售员,结婚已经8年了,他每天早上起床之后便草草地吃过早餐,冷漠地与妻子和孩子打声招呼后就匆匆上班了。

他很少对太太和孩子微笑,或对他们说上几句话。他是工作群体中最闷闷不乐的人。

后来,兰登的一个好朋友乔尼告诉他,如果他再那样下去,周围的人都会疏远他。兰登也意识到了这一点,于是,决定试着去微笑。

兰登在早上梳头的时候,看着镜子中满面愁容的自己,对自己说:"兰登,你今天要把脸上的愁容一扫而光,你要微笑起来,你现在就开始微笑!"当兰登下楼坐下来吃早餐的时候,他以"早安,亲爱的"跟太太打招呼,同时对她微笑。

兰登太太被搞糊涂了,她惊愕不已。从此以后,兰登每天早晨都这样做,已经有两个月了。这种做法在这两个月中改变了兰登,也改变了兰登全家的生活氛围,使他们都觉得比以前幸福多了。

"现在,我去上班的时候,就会对大楼的电梯管理员微笑着说一声'早安'。我微笑着向大楼门口的警卫打招呼。当我跟地铁收银小姐换零钱的时候,我对她微笑。当我在客户公司时,我对那些以前从没见过我微笑的人微笑。"兰登说,"而且我很快发现,每一个人也对我报以微笑。我以一种愉悦的性格,来对待那些满腹牢骚的人。我一面听着他们的牢骚,一面微笑着,于是问题就更容易解决了。我发现微笑带给我更多的收入。"

微笑源自快乐也能创造快乐,成功者从不会吝惜自己的微笑。

当你感觉到忧虑、失望时,你要努力改变环境。无论遭遇怎样,不要反复想到你的不幸,不要多想目前使你痛苦的事情。要想那些最愉快最欣喜的事情,要以最宽厚、亲切的心情对待人,要说那些最和蔼、最有趣的话,要

做人——俯首甘为孺子牛

以最大的努力来放出快乐，要喜欢你周围的人。这样你就能逃离忧虑的阴影，感受快乐的阳光。

心灵悄悄话

　　把忧虑快速地驱逐出心境，是医治忧虑的良方。但多数人的缺点就是不肯开放心扉，让愉快、希望、乐观的阳光照耀，相反却紧闭心扉想以内在的能力驱走黑暗。他们不知道外面射入的一缕阳光会立刻消除黑暗，驱除出那些只能在黑暗中生存的心魔！

别活得太累

　　"生活真是太累了！"经常听到一些人喊出这句话。**实际上，生活本身并不累，它只是按照自然规律、按照它本身的规律在运转。**

　　的确，生活的涵盖量太大了。生活在这个世界上，你要为衣、食、住、行去奔忙，要去应付各种各样的事，要去与各种各样的人相处。可谁又能保证你所接触的事都是好事，你所遇到的人都是谦谦君子呢？即使是上帝掌握在你的手中，恐怕也不会那么幸运，更何况并没有万能的上帝呢？

　　因此，生活中必然要有这样或那样的事，有喜就会有悲，有幸运之神就会有不幸的降临。人也是如此，有君子就有小人，有高尚之士就有卑鄙之徒。事物都是相对而生的，否则生活又怎么能称之为生活呢？**只有各种各样的事、各种各样的人糅合在一起，才能构成色彩斑斓的世界，也只有这样的生活才是有滋味的。**

　　在生活中，面对着各种各样不合自己心意的事，与各种各样不与自己性格相符的人相处，你会采取什么样的态度呢？是态度坦然、襟怀磊落、轻松地对待生活，还是谨小慎微，抬头怕顶破天，走路怕踩到蚂蚁呢？值得告诉大家的是，不要让自己长期生活在紧张、压抑之中，不要让自己的琴弦绷得太紧，也就是别活得那么累。必要时，放松一下自己，轻轻松松地活着。

　　生活毕竟是公平的，对谁都是一样，没有绝对的幸运儿，更没有彻底的倒霉鬼，你有这样的不幸，他还有那样的烦心事；他人有那样的好机会，你还会有这样的好运气。因此，千万别把自己说得那么悲惨，更不要把自己缠绕进自己织的网中，挣扎不出来。

　　感觉生活太累的人一般都是一些胆小怕事者。每说一句话都要考虑他人会怎么看待自己，会不会因这一句话而伤害某人；每做一件事都要瞻前顾后，生怕因为自己的举动而给自己带来不利的影响。工作中，对领导、同事小心翼翼，生活中对朋友、邻居万分小心，那真是连个臭虫都不敢打死的"谨慎"之人。其实，你的周围有那么多人，而每个人的脾气都不一样，你不可能做到使每个人都满意。即使你这样谨小慎微，还是有人对你有成见。而自己又感觉那么累、那么压抑，这是何苦呢？只要不违背常情，不失自己的良心，那么，挺起胸膛来做人，效果恐怕比处处谨慎更好。

感觉活得太累的人往往不能很好地调整自己，每遇不幸之事发生时，不能辩证、乐观地去看待，并且容易对生活产生悲观想法，似乎世界末日就要来临了。 哪怕是看到电视报道日本发生了地震，他也会紧张得要命，夜里不得安睡，总是疑心地球要爆炸了，说不定哪天自己就上西天了。你说，这不是杞人忧天吗？

长此以往，总是生活在心情沉重、感情压抑之中，那将是十分可怕可悲的事。处处都要考虑得失，时时都在注意不必要的小节，你还有更多的时间去干大事、去成就你的大事业吗？回答当然是否定的。由于你连很小的一件事都要左思右虑，时间就在你的犹豫中溜走了。或许，当你老了的时候，你回过头来会发现自己是那么渺小，两手空空，一事无成，到那时，你也只有空悲切了。

时刻感觉生活太累的人，必然看不到生活中的光明的一面，更感觉不到生活的乐趣。 因为他的时间统统用来盯住自己周围狭小的一点空间，而无暇顾及其他事。同时，他的生活是十分被动的，由于他不愿主动去做什么，生怕天上飞鸟的羽毛砸了自己。这样的生活不会是幸福的，更没有快乐可言，这样的生活是沉重的。

活得累的人很少有幽默感，因为他不敢造次地去嘲讽或善意地笑一笑，更不会去放松一下自己，唯恐他人认为自己对生活不严肃。 活得累的人就像身上穿着一件厚重的铠甲，既不能活动自如，又不能脱去它，因为它太沉了，压在身上如重千斤。活得累的人就像永远戴着一副面具，这副面具在人前谨小慎微，在人后愁眉苦脸。真是太累人了，让人喘不过气来。

既然活得累是件很痛苦的事，既然生命对我们来说是那么宝贵、那么短暂，那么我们何不换一种活法，活得轻松、幽默一点，努力去感受生活中的阳光，把阴影抛在后头。即使工作任务很重，也要抽出一点时间来放松一下自己，那样会对你的工作更有益处。

林肯的书桌角上总有一本内容诙谐的书放在那儿，每当他抑郁烦闷时，便翻开读几页，不但可以解除烦闷，而且还能消除疲倦。连林肯这样工作繁忙、沉重的人都能够放松自己,那么其他人岂不更应该做到吗?乐观地对待生活,将使你充满自信心。

美国富翁柯克,在他51岁那年,把财产全部用完了,他只得又去经营、去赚钱。没多久,他果然又赚了很多钱。因此,他的朋友很奇怪,问他道:"你的运气为什么总是这样好呢?"柯克回答说:"这不是我幸运,乃是我的秘诀。"朋友急切地说:"你的秘诀可以说出来让大家听听吗?"柯克笑了:"当然可以,其实也是人人可以做到的事情。我是一个快乐主义者,无论对于什么事情,我从来不抱悲观态度;就是人们对我讥笑、恼怒,我也从不变更我的主观。并且,我还使人快乐,这样我的事业总是获得成就。一个人如果常向着光明和快乐的一面看,我相信他一定可以获得成功的。"

是的,乐观、豁达可以使人信心百倍,即使是天大的困难,也能够克服。

试想,假如说"健康",则多少使人有点不安之感,还会包含有"不尽如人意"的因素;假如说"有钱",则给人以铜臭之感,使人有贪欲、金钱至上之嫌。但是,假如说"最棒",就全然没有其他负面意思,表现得极其完全和准确。

人本来应该是个"欢乐的表现体",因此,要时时、处处保持"最棒"的良好状态。首先,从内心深处保持欢乐的最佳状况,这是至关重要的。人生几十年,甚至一百年,说起来很长,但其实过起来也很快。与整个历史长河相比,那就更是转眼即逝的短暂的一瞬。所以,要注意忘却不快,更不能自寻烦恼,自己让自己"活得累"。

心灵悄悄话

总是生活在心情沉重、感情压抑之中,那将是十分可怕、可悲的事。处处都要考虑得失,时时都在注意不必要的小节,你还有更多的时间去干大事、去成就你的大事业吗?回答当然是否定的。由于你连很小的一件事都要左思右虑,时间就在你的犹豫中溜走了。或许,当你老了的时候,你回过头来会发现自己是那么渺小,两手空空,一事无成,到那时,你也只有空悲切了。

做人——俯首甘为孺子牛

第十一篇 细致：春雨润物细无声

古人告诫我们："勿以善小而不为,勿以恶小而为之。"很多人往往能在大奸大恶面前保持自律,但面对小错小失时却常管不住自己。其实小处更能体现一个人的品格,因此,千万不能在小处放纵自己。

事情不分大小,都应使出全部精力,做得完美无缺,否则还不如不做。一个人如果能从小养成这样的好习惯,他的生活将一定过得满足愉快,无牵无挂。成功的最好方法,就是把任何事都做得精益求精,尽善尽美。

不屑于平凡小事的人,即使他的理想再壮丽,也只能是一个五彩斑斓的肥皂泡。

细节决定你的人生高度

不积跬步，无以至千里；不积小流，无以成江海。**人生中每一个杰出的成就，无不是由小的细节累积而成，就如同每一粒珍珠，都是从细小的沙粒开始的。**

注重细节是一种日积月累的习惯，而人的行为有 95% 会受习惯影响。在习惯中积累会逐渐形成素质。爱因斯坦曾说过："当人们忘记了在学校里所学的一切之后，剩下的就是素质，教育的真正目的也在于此。"而习惯就是忘不掉的最重要的素质之一。

人与人之间的差别，往往就在一些习惯上，并且正是因为这些关注细小的事情所养成的习惯，决定了不同的人具有不同的命运。

两个同龄的年轻人同时受雇于一家店铺，并且拿同样的薪水。

可是一段时间后，叫阿诺德的那个小伙子青云直上，而那个叫布鲁诺的小伙子却仍在原地踏步。布鲁诺很不满意老板的不公正待遇。终于有一天他到老板那儿发牢骚了。老板一边耐心地听着他的抱怨，一边在心里盘算着怎样向他解释清楚他和阿诺德之间的差别。

"布鲁诺先生，"老板开口说话了，"你现在到集市上去一下，看看今天早上有什么卖的。"

布鲁诺从集市上回来向老板汇报说，今早集市上只有一个农民拉了一车土豆在卖。"有多少？"老板问。

布鲁诺赶快戴上帽子又跑到集市上，然后回来告诉老板一共 40 袋土豆。"价格是多少？"布鲁诺又第三次跑到集市上问来了价格。"好吧，"老板对他说，"现在请您坐到这把椅子上一句话也不要说，看看别人怎么做。"

老板将阿诺德找来，并让他看看集市上有什么可卖的。

阿诺德很快就从集市上回来了，向老板汇报说到现在为止只有一个农民在卖土豆,一共40袋,价格是多少多少;土豆质量很不错,他带回来一个让老板看看。这个农民一个钟头以后还会弄来几箱西红柿,据他看价格非常公道。昨天他们铺子的西红柿卖得很快,库存已经不多了。他想这么便宜的西红柿老板肯定会要进一些的,所以他不仅带回了一个西红柿做样品,而且把那个农民也带来了。

他现在正在外面等回话呢。

此时老板转向了布鲁诺,说:"现在你肯定知道为什么阿诺德的薪水比你高了吧?"

同样的小事情,有心人做出大学问,不动脑子的人只会来回跑腿而已。别人对待你的态度,就是你做事情结果的反应,像一面镜子一样准确无误,你如何做的,它就如何反射回来。

一位年轻人毕业后被分配到一个海上油田钻井队。在海上工作的第一天,领班要求他在限定的时间内登上几十米高的钻井架,把一个包装好的漂亮盒子送到最顶层的主管手里。他拿着盒子快步登上高高的狭窄的舷梯,气喘吁吁、满头是汗地爬上顶层,把盒子交给主管。主管只在上面签下自己的名字,就让他送回去。

他又快跑下舷梯,把盒子交给领班,领班也同样在上面签下自己的名字,让他再送给主管。

他看了看领班,犹豫了一下,又转身爬上舷梯。当他第二次登上顶层把盒子交给主管时,浑身是汗两腿发颤,主管却和上次一样,在盒子上签上名字,让他把盒子再送回去。他擦擦脸上的汗水,转身走向舷梯,把盒子送下来,领班签完字,让他再送上去。

这时他有些愤怒了,他看看领班平静的脸,尽力忍着不发作,又拿起盒子艰难地一个台阶一个台阶地往上爬。当他上到最顶层时,浑身上下都湿透了,他第三次把盒子递给主管,主管盯着他,傲慢地说:"把盒子打开。"他撕开外面的包装纸,打开盒子,里面是两个玻璃罐,一罐咖啡,一罐咖啡伴侣。他愤怒地抬起头,双眼喷着怒火,射向主管。

主管又对他说:"把咖啡冲上。"年轻人再也无法忍受了,"啪"的一下把盒子扔在地上:"我不干了!"说完,他看看倒在地上的盒子,感到心里痛快了

做人——俯首甘为孺子牛

许多,刚才的愤怒全释放了出来。

这时,这位傲慢的主管站起身来,直视他说:"刚才让你做的这些,叫作承受极限训练,我们因为在海上作业,随时会遇到危险,就要求队员身上一定要有极强的承受力,能承受各种危险的考验,才能完成海上作业任务。前面三次你都通过了,可惜,只差最后一点点,你没有喝到自己冲的甜咖啡。现在,你可以走了。"

年轻人懊悔地离开了,但是他却从这件事上吸取了教训,他懂得成功在于一点一滴的磨炼,并立志一定要做一番事业。经过几年的艰苦拼搏后,他逐渐养成了关注细节的习惯,并最终成了一名油田钻井队的队长。

因此,对于那些刚进职场的年轻人,很少马上就被委以重任的,往往是做些琐碎的工作。但是不要小看它们,更不要敷衍了事,因为人们是通过你的工作来评价你的。**如果连小事都做得潦草,别人还怎么敢把大事交给你呢?**

心灵悄悄话

注重细节是一种日积月累的习惯,而人的行为有 95% 会受习惯影响。在习惯中积累会逐渐形成素质。而习惯就是忘不掉的最重要的素质之一。人与人之间的差别,注注就在一些习惯上,并且正是因为这些关注细小的事情所养成的习惯,决定了不同的人具有不同的命运。

执着也是一种细致

在荷兰，有一个刚初中毕业的青年农民来到一个小镇，找到了一份替镇政府看门的工作。他在这个门卫的岗位上一直工作了 60 多年，他一生没有离开过这个小镇，也没有再换过工作。

也许是工作太清闲，他又太年轻，他得打发时间。他选择了又费时又费工的打磨镜片当自己的业余爱好。就这样，他磨呀磨，一磨就是 60 年。他是那样的专注和细致，锲而不舍，他的技术已经超过专业技师了，他磨出的复合镜片的放大倍数，比专业技师的都要高。凭借他研磨的镜片，他终于发现了当时科技尚未知晓的另一个广阔的世界——微生物世界。从此，他声名大振，只有初中文化的他，被授予了他看来是高深莫测的巴黎科学院院士的头衔。就连英国女王都到小镇拜会过他。

创造这个奇迹的小人物，就是科学史上鼎鼎有名的、活了 90 岁的荷兰科学家万·列文虎克，他老老实实地把手头上的每一个玻璃片磨好，用尽毕生的心血，致力于每一个平淡无奇的细节的完善，终于他在他的细节里看到了他的上帝，科学也在他的细节里看到了自己更广阔的前景。

一花一世界，一沙一天堂。**如果你能执着地把手上的小事情做到完美的境界，你同样也会成为一个了不起的人物。**

18 世纪的文学作家伏尔泰创作的悲剧《查伊尔》公演后，受到观众很高的评价，许多行家也认为这是一部不可多得的成功之作。

但当时，伏尔泰本人对这一剧作并不十分满意，认为剧中对人物性格的刻画和故事情节的描写，还有许多不足之处。因此，他拿起笔来一次又一次地反复修改，直到自己满意了才肯罢休。为此，伏尔泰还惹下了一段不大不小的风波。

经伏尔泰这样精心修改后，剧本确实一次比一次好，但是，演员们却非常厌烦，因为他每修改一次，演员们就要重新按修改本排练一次，这要让他们花费许多精力和时间。

为此，出演该剧的主要演员杜孚林气得拒绝和伏尔泰见面，不愿意接受伏尔泰重新修改后的剧本。这可把伏尔泰难为坏了！他不得不亲自上门把稿子塞进杜孚林住所的信箱里。然而，杜孚林还是不愿看他的修改稿。

有一天，伏尔泰得到一个消息，杜孚林要举行盛大宴会招待友人。于是，他买了一个大馅饼和12只山鹑，请人送到杜孚林的宴席上。

杜孚林高兴地收下了。在朋友们的热烈掌声中，他叫人把礼物端到餐桌上用刀切开，当在场的人把礼物切开时，所有的客人都大吃一惊，原来每一只山鹑的嘴里都塞满了纸。他们将纸展开一看，原来是伏尔泰修改的稿子。

杜孚林感到哭笑不得，后来他怒气冲冲地责备伏尔泰："你为什么要这样做？"伏尔泰答："老兄，没有办法呀，不做到最好，我的饭碗就要砸了！"

伏尔泰之所以成为伏尔泰，最大的原因就是缘于他能"做到最好"，而并不是因为他有多聪明。你尚没有伏尔泰的聪明和名气，你是不是更有理由像他那样对待自己的"饭碗"呢？

许多人之所以失败，往往是因为他们马虎大意、鲁莽轻率。泥瓦工和木匠可能靠半生不熟的技术建造房屋，砖块和木料拼凑成的建筑有些在尚未售出之前，就已经在暴风雨中坍塌了。医科学生因为没有花时间和精力好好为未来做准备，做起手术来捉襟见肘，把病人的生命当儿戏。一些律师只顾死记法律条文，不注意在实践中培养自己的能力，真正处理起案件来也难以应付自如，白白花费当事人的金钱……

建筑时小小的误差，可以使整幢建筑物倒塌；不经意抛在地上的烟蒂，可以使整幢房屋甚至整个村庄化为灰烬；因为事故致人残废——木装的脚、无臂的衣袖、无父无母的家庭都是人们粗心、鲁莽与种种恶习造成的结果。

2004年2月15日，吉林市中百商厦发生特大火灾，造成54人死亡、70人受伤，直接经济损失400余万元。然而，这么一起严重的事故，其直接原因竟然仅仅是一个烟头:一位员工到仓库内放包装箱时,不慎将吸剩下的烟头掉落在地上,随意踩了两脚,在并未确认烟头是否被踩灭的情况下匆匆离开了仓库。当日11时左右,烟头将仓库内物品引燃。

恰恰在这种情况下,中百商厦当日保卫科工作人员违反单位规章制度,擅自离开值班室,未对消防监控室监控,没能及时发现起火并报警,延误了抢险时机。同时,他们得知火情后,违反消防安全管理的有关规定和本单位制定的灭火和应急疏散方案中规定的紧急通知浴池和舞厅人员由边门疏散的要求,未能及时有效组织群众疏散,致使顾客及浴池和舞厅人员在发生火灾后未能及时逃生,造成特别严重的后果。

一个烟头,54条人命!

事情就是这么简单,简单得令人难以承受。

虽然政府对这起特大火灾的处理早已落下帷幕,但火灾刻在人们心中的印记、留给社会的思考却远未结束。表面看来,是一枝小小的烟头引燃了这场人间惨剧,但是寻找其根源,夺去54条人命的,不是现实中忽明忽暗的烟头,而是工作人员的马虎轻率、不负责任——另一枝深藏在人们心中的更为可怕的烟头。

在这次事件中,那位丢弃烟头的员工何尝想将中百商厦这座大楼变为废墟,又何尝想使54个生灵瞬间消失,可是他应该想到却没有想到的是,他的一个小小的举动,确实把他人的生命和财产推到了危险的边缘,进而酿成了惨祸;保卫科员工何尝想到自己工作中的疏忽大意为火灾埋下了如此之深的隐患,而这样的隐患竟将54条鲜活的生命引向了不归之路,使400余万元财产付之一炬? 可是这些人应该想到却没有想到的是,正是他们的马虎轻率、漫不经心的举动,把那些鲜活的生命推向了死亡的深渊,致使一切无法挽回。

我们真诚地希望一般青年男女牢记这几句话:**事情不分大小,都应使出全部精力,做得完美无缺,否则还不如不做。**一个人如果能从小养成这样的好习惯,他的生活将一定过得满足愉快,无牵无挂。

要想过上一种美满愉快的生活,只需做事精益求精,力求完善。当一个人把事情处理得顺顺当当,无牵无挂时,他心里的愉快,绝非笔墨所能形容。

做人——俯首甘为孺子牛

那些做事草率疏忽，错误百出的人，不但对不起事情，并且对不起自己！

有许多人往往不肯把事情做得尽善尽美，只用"足够了""差不多了"来搪塞了事。结果因为他们没有把根基打牢，所以不多时，便像一所不稳定的房屋一样倒塌了。

造成失败的罪魁祸首，就是从小养成敷衍了事，马马虎虎的坏习惯。而**获取成功的最好方法，就是把任何事都做得精益求精，尽善尽美。**

快些下决心吧，不要管别人做得怎么样，事情一到了你的手里，就非将它做得很完美无缺不可。你一生的希望都在这个上面，千万不要再让那些偷闲、取巧、拖拉、不整、不洁的坏习惯来阻碍你了。

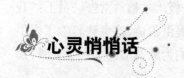

心灵悄悄话

要想过上一种美满愉快的生活，只需做事精益求精，力求完善。当一个人把事情处理得顺顺当当，无牵无挂时，他心里的愉快，绝非笔墨所能形容。那些做事草率疏忽，错误多端的人，不但对不起事情，并且对不起自己！

有多少人能脚踏实地

不屑于平凡小事的人，即使他的理想再壮丽，也只能是一个五彩斑斓的肥皂泡。**想要实现凌云壮志，必须脚踏实地，专注于小事。**

沃尔玛经营宗旨之一便是"天天平价"。老板沃尔顿常常告诫员工："我们珍视每一美元的价值，我们的存在是为顾客提供价值，这意味着除了提供优质服务外，我们还必须为他们省钱。每当我们为顾客节约了一美元时，那就使自己在竞争中先占了一步。"

为了不愚蠢地浪费一美元，沃尔顿率先垂范。他从不讲排场，外出巡视时总是驾驶着最老式的客货两用车。需要在外面住旅馆时，他总是与其他经理人员住的一样，从不要求住豪华套间。

为了赢得这一美元的价值，沃尔玛实行了全球采购战略，"低价买入，大量进货，廉价卖出"。沃尔玛中国采购总监芮约翰每到一地，都要察看各家商店，认真比较价格，选择合适的商品。

价格与服务是沃尔玛赢得竞争的两个轮子。已在中国工作了 5 年的芮约翰说："你知道我们有一个微笑培训吗？必须露出 8 颗牙齿才算合格。你试一试，只有把嘴张到露出 8 颗牙齿的程度，一个人的微笑才能表现得最完美"这让人不禁想起初识沃尔玛时的印象，原来售货员的微笑都有着如此严格的规定。

做生意自然要追求利润的最大化，而实现最大化的目标则要从最小化的具体行动开始。经营节约一美元与微笑露出 8 颗牙，抓好每一件这样的小事，企业方能砌就通向成功的阶梯。

其实，很多很多的成功并不神奇，只不过有的人不以其小而坚持做了下去，因为他们从来不会总想着大问题而忽略了小事情。

哈维·麦凯是一家信封公司的老板，有一次，他去拜访一个顾客。那个经理一看他就说，麦凯先生，你不要来了，我们公司绝对不可能和你下信封的订单。因为我们公司的老板和另一个信封公司老板是 25 年的深交，而且你也不用再来拜访我，因为有 43 家信封公司的老板曾拜访过我 3 年，所以我建议你不要浪费你的时间。

麦凯先生并没有因此而放弃努力，他开始关注在这家公司里发生的每件事，哪怕是那些微不足道的小事。有一次他发现这家公司采购经理的儿子很喜欢打冰上曲棍球，他又知道他儿子崇拜的偶像是洛杉矶一个退休的全世界最伟大的球星，后来发现这个经理的儿子出车祸住在医院。这时麦凯觉得机会来了，他去买了一根曲棍球杆让球星签名后送给这个人的儿子。

他来到医院，这个人的儿子问他你是谁，他说我是麦凯，我给你送礼物。你为什么给我送礼物？因为我知道你喜欢曲棍球，你也崇拜这个球星，这是一根他亲自签名的曲棍球杆。这个小孩兴奋得脚都不疼了，要下床来。

结果他的父亲来医院发现他的儿子好兴奋，整个人都变了，不像原来那样垂头丧气，面无表情。他问他儿子怎么回事，他说刚才有一个叫麦凯的人送了我一根曲棍球杆，还有球星签名。

结果可想而知，这个采购经理和麦凯签了数万美金的订单。

信封是便宜的东西，他竟下了这么大的订单。显然，成功有不同的方法，有不同的思维模式。只要你留意身边的小事，一定会找到解决问题的突破口。**世界上没有卖不掉的产品，只有因不注意细节而推销失败的人。**仔细一些，多为别人着想一点，成功就离你近一点。

谢尔贝在推销业中的巨大成就，在于他细致入微的服务，更在于他有一套提供最佳服务的正确理念和方法。他曾引用丘吉尔的话说："如果没有风推动船，那么我们就划船吧。"

在海军陆战队服役 3 年后，谢尔贝一直都从事销售这一行。最初，作为一名新手，他工作积极，饱含热情。谢尔贝回忆说："开始在 IBM 卖打字机时，我在我的汽车挡风玻璃上贴了一个标签，上面写道，'找到客户，征求订货便是我的一切。'当时我通常每天要开车行驶 40 多英里才能到达我负责的推销区。你必须对自己严格要求，你需要去找到更多的客户征求订货。如果这样一贯坚持下去，我想一个好的推销员达到 10% 的成功率是没问题的。"

谢尔贝认为真正重要的是必须了解这样一个事实,那就是:人类是非常敏感的,也都有相同的本质,都有受尊重的欲望。物欲的自我膨胀,却并不与关爱他人相背离。你要让你的客户觉得你关心他们胜于关心自己,热爱他们胜于热爱自己。试着融入别人的生活,站在他人立场上去看问题,这就足够了。就像谢尔贝所说的:"我对于推销这行深感自豪,我喜欢走出去面对我的客户并了解他们的所需所想,我在全国范围内同客户们保持联系,这一切都是我热爱的,只要我继续负责销售,我将始终如一。"

谢尔贝很强调"细节"这一字眼,正是那种自豪感使他在工作中去努力追求完美。提到追求完美,这要与谢尔贝的客户联系起来。谢尔贝最承受不起的就是客户的不满,因为他推销的不仅仅是硬件的东西,更重要的是细致入微的服务。

谢尔贝年轻时,推销的是电子打字机,但他推销的并不仅仅是机器本身;相反,他向客户推销的是该机器的用途。谢尔贝认为,不管推销员推销的是什么产品,如果他在推销产品时将该产品的优点以及它能为客户带来什么样的好处结合起来,那他其实就是在为客户提供真正的细致入微的服务。正如谢尔贝所言:**"正是重视服务才使我们公司获得真正的优势。我想这对任何公司而言都是很重要的。只有生产合适的产品和为客户提供最佳的服务才是任何公司取得成功的保障。"**

不管你现在是否正从事推销工作或是想要从事其他工作,相信很多人都很羡慕那些成功的推销员,因为他们有了一个机会获得璀璨夺目的地位。可是,成功的推销员和获得金牌的运动选手一样,即便再具资质,若不经过正确的训练,没有为客户提供细致入微的服务的宗旨,任何人都无法成为杰出的推销员。

心灵悄悄话

人类是非常敏感的,也都有相同的本质,都有受尊重的欲望。物欲的自我膨胀,却并不与关爱他人相背离。你要让你的客户觉得你关心他们胜于关心自己,热爱他们胜于热爱自己。试着融入别人的生活,站在他人立场去看问题,这就足够了。

做人——俯首甘为孺子牛

你能把小事做好吗

无论多平凡的小事，只要从头至尾彻底做成功，便是大事。

假如你踏踏实实地做好每一件事，那么绝不会空空洞洞地度过一生。

我们都是平凡人，只要我们抱着一颗平常心，踏实肯干，有水滴石穿的耐力，我们获得成功的机会，肯定不比那些禀赋优异的人少到哪里去。

有这样一位年轻人，他总是被公司当作替补队员，哪儿缺人手就被调到哪儿，自己的能力无法正常发挥。这位先生沮丧地向他的同学——现在已是一家公司的人力资源部经理诉苦道："这样值得继续干下去吗？我觉得自己的专长无法发挥出来。"昔日同学很认真地告诉他，你经常被调到不同岗位磨炼，是辛苦的，但只要你努力肯学，应该也能胜任，否则你的公司不会做这样的调度。现在，你在工作中的表现**第一是努力，第二是努力，第三还是努力**，那么过不了多久，公司员工之中磨炼最多的是你，你能为公司贡献才智的也是你，你应该有这种认识。最后，同学又口授他一条成功秘诀：肯干就是成功，患得患失，拈轻怕重，就会失去成长的机会。受苦是成功与快乐的必经历程。这位先生干下去了，他干得很起劲，一年后，他终于成为公司里最耀眼的新星。

工作中每个人都有不同的分工，有些人负责一些比较重要且引人瞩目的工作，另外，也有一些人负责的是常被人们忽视的琐事。假如你正好是负责这些不受重视的琐事，你或许很容易就感到沮丧。沮丧起来或许就会忽视自己的职责，这样一来就会很容易出错，一出错就会销蚀自己的自信："我这是怎么啦，连这么无聊的工作也做不好！"

皮尔·卡丹曾说："**真正的装扮就在于你的内在美。越是不引人瞩目的地方越是要注意，这才是懂得装扮的人。因为只有美丽而贴身的内衣，才能将外表的华丽装扮更好地表现出来。**"皮尔·卡丹的装扮理论用在工作上同样富有哲理，越是不显眼的地方越要好好地表现，这才是成功的关键。

对此,纽约希尔顿饭店客户服务部经理莉莎·格里贝有着亲身的体验。她曾谈道:当初自己应聘饭店职员,先是被分配到洗手间工作,她有很大的情绪,认为洗手间工作低人一等。但通过一段时间的工作实践之后,她开始认识到工作没有高低贵贱之分,酒店的每一份工作都关系到酒店的服务质量和整体形象。从此她工作认真,服务热情周到,许多客人在接受她的服务之后,都交口称赞,因此,她被誉为酒店的榜样。她出色的工作表现,为酒店赢得了很多顾客,不久她被提升为客户服务部经理,更大地拓展了事业的平台。

莉莎的事例说明了什么?大事是由众多的小事积累而成的,忽略了小事就难成大事。从小事开始,逐渐增长才干,赢得认可、赢得干大事的机会,日后才能干大事,而那些一心想做大事的人如果不改变"简单工作不值得去做"的浮躁心态,是永远干不成大事的。

这也说明,在工作中每一件事都值得我们去做,而且应该用心去做。

卢浮宫收藏着莫奈的一幅画,描绘的是女修道院厨房里的情景。画面上正在工作的不是普通的人,而是天使。一个正在架水壶烧水,一个正优雅地提起水桶,另外一个穿着厨衣,伸手去拿盘子——即使日常生活中最平凡的事,也值得天使们全神贯注地去做。

行为本身并不能说明自身的性质,而是取决于我们行动时的精神状态。工作是否单调乏味,往往取决于我们做它时的心境。

人生目标贯穿于整个生命历程,你在工作中所持的态度,使你与周围的人区别开来。日出日落、朝朝暮暮,它们或者使你的思想更开阔,或者使其更狭窄;或者使你的工作变得更加高尚,或者使其变得更加低俗。

每一件事情对人生都具有十分深刻的意义。你是砖石工或泥瓦匠吗?可曾在砖块和砂浆之中看出诗意?你是图书管理员吗?经过辛勤劳动,在整理书籍的间隙,是否感觉到自己已经取得了一些进步?你是学校的老师吗?是否对按部就班的教学工作感到厌倦?也许一见到自己的学生,你就变得非常有耐心,所有的烦恼都抛到了九霄云外。

马丁·路德·金说:"如果一个人是清洁工,那么他就应该像米开朗琪罗绘画、贝多芬谱曲、莎士比亚写诗那样,以同样的心情来清扫街道。他的工作如此出色,以至于天空和大地都会注目赞美:瞧,这儿有一位伟大的清洁工,他的活儿干得真是无与伦比!"

做人——俯首甘为孺子牛

桑布恩先生是一位职业演讲家,曾经有一位优秀的邮差弗雷德给他提供最好的服务。在全国各地举行的演讲与座谈会上,他都会拿出这位邮差的故事和听众一起分享。

似乎每一个人,不论他从事的是服务业还是制造业,不论是在高科技产业还是在医疗行业,都喜欢听弗雷德的故事。听众对弗雷德着了迷,同时也受到了他的激励与启发。

"我的名字是弗雷德,是这里的邮差,我顺道来看看,向您表示欢迎,介绍一下我自己,同时也希望能对您有所了解,比如您所从事的行业。"弗雷德中等身材,蓄着一撮小胡子,相貌很普通。尽管外貌没有任何出奇之处,但他的真诚和热情通过自我介绍溢于言表。

桑布恩收了一辈子的邮件,还从来没见过邮差做这样的自我介绍,这使他心中顿觉一暖。

当弗雷德得知桑布恩是个职业演说家的时候,弗雷德希望最好能知道桑布恩先生的日程表,以便桑布恩不在家的时候可以把信件暂时代为保管。

桑布恩先生表示没必要这么麻烦,只要把信放进房前的邮箱里就好。但弗雷德提醒道:"窃贼会经常窥探住户的邮箱,如果他们发现邮箱是满的,就表明主人不在家,他们就可能为所欲为了。"

所以弗雷德建议只要邮箱的盖子还能盖,他就把信放到里面,别人不会看出桑布恩不在家。塞不进邮箱的邮件,他就把信件搁在房门和屏栅门之间,从外面看不见。如果房门和屏栅门之间也放满了,他就把剩下的信留着,等桑布恩回来。

桑布恩在多次演讲中提起弗雷德的故事后,有一个灰心丧气、一直得不到老板赏识的员工写信给桑布恩。信中表示弗雷德的榜样鼓励了她"坚持不懈"地做好每一件平凡小事,而不计较是否能得到承认和回报。

目前全球有很多公司创设了"弗雷德奖",专门鼓励那些在服务、创新和尽责上具有同样精神的员工。

由此可见,每一件事都值得我们去做。不要小看自己所做的每一件事,即便是最普通的事,也应该全力以赴、尽职尽责地去完成。小任务顺利完成,有利于你对大任务的成功把握。**一步一个脚印地向上攀登,便不会轻易**

跌落。通过工作获得真正的力量的秘诀就蕴藏在其中。

人生始于细节

　　伟大的成就通常是一些平凡的人们经过自己的不断努力而取得的,他们注重细节,每天懂得进步一点点,日积月累就前进一大步。对那些勇于开拓的人而言,生活总会给他提供足够的机会和不断进步的空间。**人类的幸福就在于沿着已有的道路不断开拓进取,永不停息。**那些最能持之以恒、忘我工作的人,往往就是最成功的人。

　　人们总是责怪命运的盲目性,然而命运本身的盲目性就是以人的活动为主体的。**天道酬勤,命运总是掌握在那些勤勤恳恳地工作、每天注意细节的人手中,就正如优秀的航海家总能驾驭大风大浪一样。**对人类历史的研究表明,在成就一番伟业的过程中,一些最普通的品格,如公共意识、注意力、专心致志、持之以恒等,往往起很大的作用。即使是盖世天才也不能小视这些品质的巨大作用,一般的就更不用说了。事实上,正是那些真正伟大的人物才相信常人的智慧与毅力的作用,而不相信什么天才。

　　牛顿无疑是世界一流的科学家。当有人问他到底是通过什么方法得到那些伟大的发现时,他诚实地回答道:"总是思考着它们。"还有一次,牛顿这样表述他的研究方法:"我总是把研究的课题置于心头,反复思考,慢慢地,起初的点点星光终于一点一点地变成了阳光一片。"正如其他有成就的人一样,牛顿也是靠勤奋、专心致志和持之以恒来取得成功的,他的盛名也是这样换来的。

　　可见,一点点进步都是来之不易的,任何伟大的成功都不可能唾手可得。千里之行,始于足下;不积跬步,无以至千里;不积小流,无以成江海。德·迈斯特说过:"耐心和毅力就是成功的秘密。"没有播种就没有收获,光播种,而不善于耐心地、满怀希望地耕耘,也不会有好的收获。最甜的果子往往在最后成熟,西方有一句格言:"**时间和耐心能把桑叶变成云霞般的彩锦。**"

做人——俯首甘为孺子牛

卡尔·华尔德曾经是爱尔斯金(美国近代诗人、小说家和出色的钢琴家)的钢琴教师。有一天,他给爱尔斯金教课的时候,忽然问他:"你每天要练习多少时间钢琴?"爱尔斯金说:"大约每天三四小时。"

"你每次练习,时间都很长吗? 是不是有个把钟头的时间?"

"我想这样才好。"

"不,不要这样!"卡尔说,"你将来长大以后,每天不会有长时间的空闲。你可以养成习惯,一有空闲就几分钟几分钟地练习。比如在你上学以前,或在午饭以后,或在工作的休息余闲,5 分钟、5 分钟地去练习。把小的练习时间分散在一天里面,如此则弹钢琴就成了你日常生活中的一部分了。"

14 岁的爱尔斯金对卡尔的忠告未加注意,但后来回想起来真是至理名言,并且他从中得到了不可限量的益处。

爱尔斯金在哥伦比亚大学教书的时候,他想兼职从事创作。可是上课、看卷子、开会等事情把他白天和晚上的时间完全占满了。他差不多有两个年头不曾动笔,他的借口是"没有时间"。后来,他突然想起了卡尔·华尔德先生告诉他的话。到了下一个星期,他就把卡尔的话实验起来。只要有 5 分钟左右的空闲时间,他就坐下来写作 100 字或短短的几行。出乎意料的是,在那个星期的终了,爱尔斯金竟写出了相当多的稿子。

后来,他用同样积少成多的方法,创作长篇小说。爱尔斯金的授课工作虽一天比一天繁重,但是每天仍有许多可以利用的短短余闲。他同时还练习钢琴。他发现每天小小的间歇时间,足够他从事创作与弹琴两项工作。

斯瓦布先生小时候的生活环境非常贫苦,他只受过短时间的学校教育。从 15 岁起,就在宾夕法尼亚的一个山村里赶马车了。过了两年,他才谋得另外一个工作,每周只有 2.5 美元的报酬,可是他仍无时不在留心寻找机会,果然,不久一个机会来了,他应某工程师的招聘,去建筑卡内基钢铁公司的一个工厂,日薪 1 美元。做了没多久,他就升任技师,接着升任总工程师;到了 25 岁时,他就当上了那家房屋建筑公司的经理。又过了 5 年,他便兼任起卡内基钢铁公司的总经理。到了 39 岁,他一跃升为全美国钢铁公司的总经理。

斯瓦布每次获得一个位置时,总以同事中最优秀者作为目标。他从未像一般人那样离开现实,想入非非。那些人常常不愿使自己受规则的约束,常常对公司的待遇感到不满,甚至情愿彷徨街头等待机会来找他。斯瓦布深知一个人只要有决心、肯努力、不畏艰难，他一定可以成为成功的人。他的一生就像是一篇情节曲折的童话，我们从他一生的成功史中，可以看出努力劳动的伟大价值。他做任何事情总是十分乐观和愉快，同时要求自己做得精益求精。因此，有些必须考究一点的事情，非请他来处理不可，他做事总是按部就班，从不妄想一跃成功；他的升迁都是在所难免的。

这也启发人们：**如果一个人积累不够，就急于表现，可能只是昙花一现，甚至会给自身带来伤害；而厚积薄发，水到渠成的人则会长久地享受成功的愉悦。**

曾经有这样一则寓言可以很好地说明这一点：

农夫在地里同时种了两棵一样大小的果树苗。第一棵树拼命地从地下吸收养料，储备起来，滋润每一个枝干，积蓄力量，默默地盘算着怎样完善自身，向上生长。另一棵树也拼命地从地下吸收养料，凝聚起来，开始盘算着开花结果。

第二年春，第一棵树便吐出了嫩芽，憋着劲向上长。另一棵树刚吐出嫩叶，便迫不及待地挤出花蕾。

第一棵树目标明确，忍耐力强，很快就长得身材苗壮。另一棵树每年都要开花结果。刚开始，着实让农夫吃了一惊，非常欣赏它。但由于这棵树还未成熟，便承担开花结果的责任，累得弯了腰，结的果实也酸涩难吃，还时常招来一群孩子石头的袭击。甚至，孩子会攀上它那赢弱的身体，在掠夺果子的同时，损伤着它的自尊心和肢体。

时光飞转，终于有一天，那棵久不开花的壮树轻松地吐出花蕾，由于养分充足、身材强壮，结出了又大又甜的果实。而此时，那棵急于开花结果的树却成了枯木。农夫诧异地叹了口气，将那根瘦小的枯木砍下，烧火用了。

两棵树的不同命运揭示出**"成大事者需积累"**的真谛，因此，对于那些刚进企业的员工来说，一定要养成坚持学习，每日"充电"的好习惯，但求知学习好比修剪移栽，修剪是一个长期的、不间断的过程，花草如果长时间不修剪，就会变得杂枝横陈，一个榜样员工如果长时间不学习，大脑就会迟钝，原有的知识就会落伍，原本作为榜样的优势就会荡然无存！

可见，一个人有没有出息，不在于你处于什么环境，干什么工作；关键是

做人——俯首甘为孺子牛

看你怎样对待环境,怎样对待工作,如何看待细节。你的态度会直接决定着你的命运,因为注重细节,每天进步一点点,命运就会掌握在你的手中。

积沙成丘、集腋成裘的道理每个人都懂,但是很少有人将这些道理付诸行动,而成功的人往往就是那些将这些道理变成行动的人。

 **心灵悄悄话**

卢浮宫收藏着莫奈的一幅画,描绘的是女修道院厨房里的情景。画面上正在工作的不是普通的人,而是天使。一个正在架水壶烧水,一个正优雅地提起水桶,另外一个穿着厨衣,伸手去拿盘子——即使日常生活中最平凡的事,也值得天使们全神贯注地去做。

第十二篇　自制：退一步海阔天空

也许你无端地受到了指责和误解;也许你一招不慎,在人生之路上迷失了方向,也许你的心正受着痛苦的煎熬,你的精神正在崩溃的边缘徘徊。但是千万要记住冷静面对,学会控制,要知道,上帝欲毁灭一个人,必先使其疯狂。一个善于自制的人,他肯定能掌控自己的生活和时间。

时间就像是海绵里的水,要靠一点一点地挤;时间更像边角料,要学会合理利用,一点一滴地累计,才会得到较长的时间。利用短时间,其中有一个诀窍,能帮助你把工作进行得迅速,那就是事前思想上要有所准备,到了工作时间来临的时候,立即把心神集中在工作上。

别让奸诈主宰你的性格走向

　　一个人若能心胸坦荡、很好地把握住自己，一定会有一番大作为。然而，若是性格暴躁，心地不端，那么本来拥有的善于谋划的优势，就会被用错地方，变成不择手段，坑害别人的阴谋。这样的人往往被其野心和忌妒心所影响，为了达到自己的目的，不惜铤而走险，结果只能是害人毁己。

　　战国时期的庞涓也算是一个有勇有谋的人，然而，他因为生性忌妒，把其本应用在战场上的智慧变成了算计别人的卑下手段，最终落得个悲惨的下场。

　　春秋末期，韩、赵、魏三家分晋。其中魏国势力最为强大，魏惠王野心勃勃，意图称霸天下，于是四处招贤纳士，收拢人才。

　　庞涓和孙膑同为当世高人鬼谷子的学生。两人在鬼谷子的指导之下，文韬武略无所不习，成为当时的奇才。但庞涓为人较为心浮气躁，在学艺未得大成之时，便急欲立功扬名。于是便下山投奔魏王。在魏国，庞涓深得魏惠王信任，授封为大将军。他用学得的本领训练兵马，在与卫、宋、鲁、齐等国的交战中，屡战屡胜，备受魏国朝野尊重。

　　不久，孙膑也学成下山。他德才兼备，智谋非凡，是个百世难遇的奇才。下山之初，因为没有根基，所以孙膑也前往魏国，魏惠王得到消息，便征询庞涓的意见。庞涓深知自身逊孙膑一筹，便说："孙膑是齐国人，我们如今正与齐国为敌，他若来了，恐怕有所不妥。"魏王说："如此说来，外国人就不能用了？"庞涓无奈，只得同意让孙膑前来。

　　孙膑来到魏国，交谈过后，魏王就知道孙膑有将帅之才，就想拜他为副军师，协助庞涓行事。庞涓听了忙说："孙膑是我的兄长，才能又比我强，岂可在我的手下？不如先让他做个客卿，等他立了功，我再让位于他。"实际上，这是个计谋。庞涓是为了不让孙膑与之争权，然后再伺机陷害。而孙膑还以为庞涓一片真心，对他十分感激。

庞涓原以为孙膑一家人都在齐国，因而不会在魏国久留，便试探着问他："你怎么不把家里人接来同住呢?"孙膑说："家里人非亡即散，哪里还能接来呢?"庞涓一听，顿时一惊。如果孙膑真在魏国待下去，自己的地位可真是岌岌可危了。

事后，一个齐国人捎来了孙膑的家书，大意是让他回去。孙膑回了一封信，言称自己已在魏国做了客卿，不能随便走。凑巧的是孙膑的回信竟被魏国人搜出来，呈给了魏王。魏王便问庞涓如何处置此事。庞涓一见机会来了，应答道："孙膑是有大才能之人，如果回到齐国，对魏国十分不利。我先去劝劝，如果他愿意留下，那就罢了，如果不愿意，那就交由我来处理。"魏王点头答应。

庞涓当然没有劝孙膑，而是对他说："听说你收到一封家信，怎么不回去看看呢?"孙膑说："只怕不妥。"庞涓大包大揽，劝孙膑可放心探亲，孙膑颇为感动。第二天，孙膑便向魏王告假。

魏王一听孙膑要回乡，便称他私通齐国，命庞涓审问。庞涓故作惊讶，先放了孙膑，又伪装向魏王求情。尔后，又神色慌张向孙膑解释，他费了九牛二虎之力才保住了孙膑的性命，但黥刑和膑刑却不能免除。于是，孙膑脸上被刺字，膝盖被剐，终身残疾，只好依靠庞涓过日子。

这正中庞涓的下怀。庞涓认为，孙膑变成终生残疾，便无法再出仕做官，不会妨碍自己的前途。同时，他又可以把孙膑作为"奇货"控制起来，养在庞府，以便利用他的智慧，为自己效劳。而孙膑还天真地认为是庞涓救了自己的性命，遂立志刻写祖传兵法欲送庞涓，以感谢他的恩德。

庞涓派来的侍者看到孙膑的诚实，深为敬佩，而看到他遭受的不白之冤又极为同情，于是将庞涓的所作所为全部告诉了孙膑。直到此时，孙膑才如梦初醒，看清了庞涓的阴险嘴脸。

具有雄才大略的孙膑，刚要实现他的理想，竟突然遭此横祸，被人暗算，身陷逆境，好不凄惨。但是，孙膑毕竟是个意志非凡的人，他不仅没有向恶势力屈服，反而更加发愤图强。他设法摆脱庞涓的监视暗暗地钻研兵法，准备有朝一日逃离虎口，用自己的知识和智慧报仇雪耻。

做人——俯首甘为孺子牛

经过一番认真思考，孙膑只好装疯以自救，他大喊大叫，烧掉了已经写出的兵书。庞涓以为他真的疯了，无可奈何。

过了一些时候，齐国的使者来到魏国。孙膑乘人不备，暗暗去见齐使，他以刑徒的身份、惊人的才华和慷慨的陈词，打动了使者的心。使者与他秘密约定，临行时偷偷用车把孙膑带回齐国。

孙膑来到齐国，受到齐威王、将军田忌的热情接待。在交谈时，孙膑较系统地阐述了他的军事理论。齐威王听了孙膑的论述，深为他的精辟见解所吸引。

齐威王认为孙膑是个不可多得的奇才，便要拜他为大将。孙膑不愿显居其名，辞谢说："我是个受刑的残废之人，怎么能做大将呢？大王还是以田将军为大将，我可以协助将军作计谋。"

齐威王接受了孙膑的意见，任命他做齐国的军师。通过赛马谈兵，孙膑一鸣惊人，由一个刑余之人，一跃成为一个大国军队的统帅。从此孙膑在战国七雄争立的角逐中，开始崭露头角，大显身手。最后在马陵之战中杀死了庞涓，报了深仇大恨。庞涓以前所犯罪孽，终得报应：身败名裂，客死他乡。

一个人最怕的就是把自己的智慧用错了地方，让奸诈主宰了自己的性格走向。如果能发挥自己性格的优势，正确运用自己的智谋，那么，不但能避免祸事，更能赢得美好的前景。

心灵悄悄话

一个人若能心胸坦荡、很好地把握住自己，一定会有一番大作为。然而，若是性格暴躁，心地不端，那么本来拥有的善于谋划的优势，就会被用错地方，变成不择手段，坑害别人的阴谋。这样的人往往被其野心和忌妒心所影响，为了达到自己的目的，不惜铤而走险，结果只能是害人毁己。

不要让时间从指尖溜走

很多人都有浪费时间的习惯,他们没有认识到时间的价值,而等他们了解到时间的可贵时往往已经太晚了,因为时间虽然看起来很长,但一旦过去了就永远也找不回来了。

从前,在非洲有一个大富翁,名叫时间。他拥有无数的家禽和牲口,他的土地无边无际,他的田里什么都种,他的大箱子里塞满了各种宝物,他的谷仓里装满了粮食。

这个富人拥有这么多的财产,连国外的人都知道了,于是,各国商人远道而来,随行的还有舞蹈家、歌手、演员。各国派遣使者来,只是为了要看一看这位富人,回国后就可以对百姓说,这个富人怎么生活,样子是怎样的。

富人把牛羊、衣服送给穷人,于是人们说世界上没有一个人比他更慷慨了,还说,没有看见过时间富人的人这辈子就等于白活了。

又过了很多年,有一个部落准备派出使者去向富人问好。临行前部落的人对使者说:"你们到时间富人的国家去,要想法见到他,你们回来时,告诉我们,他是否像传说中的那么富有,那么慷慨。"

使者们走了好多天,才到达富人居住的国家。在城郊遇到了一个憔悴的、衣衫褴褛的老头。

使者问:"这里有没有一个时间富人?如果有,请您告诉我们,他住在哪里。"

老人忧郁地回答:"有的。时间就住在这里,你进城去,人们会告诉你的。"

使者进了城,向市民们问了好,说:"我们来看时间,他的声名也传到了我们部落,我们很想看看这位神奇的人,准备回去后告诉同胞。"

正当使者说这话的时候,一个老乞丐慢慢地走到他们面前。

做人——俯首甘为孺子牛

这时有人说："他就是时间！就是你们要找的那个人。"

使者看了看衣衫褴褛的老乞丐，简直不敢相信自己的眼睛。

"难道这个人就是传说中的富人吗？"他们问道。

"是的，我就是时间，我现在变成不幸的人了。"老头说，"过去我是世界上最富的人，现在我是世界上最穷的人。"

使者点点头说："是啊，生活常常这样，但我们怎么对同族人说呢？"

老头想了想，答道："你们回到家里，见到同族人，对他们说：'记住，时间已不是过去的那个样子！'"

时间就像是海绵里的水，要靠一点一点地挤；时间更像边角料，要学会合理利用，一点一滴地累计，才会得到较长的时间。

利用短时间，其中有一个诀窍，能帮助你把工作进行得迅速，那就是事前思想上要有所准备，到了工作时间来临的时候，立即把心神集中在工作上。

如果能毫不拖延地充分利用极短的时间，就能积少成多地供给你所需要的长时间。

有一首诗是这样写的：

他在月亮下睡觉，

他在太阳下取暖，

他总是说要去做什么，

但什么也没做就死了。

这就像当我们自己还是一个孩子的时候我们对自己说，当我成为一个大人的时候，我会做这做那，我会很快乐；而当我们成为一个大人之后，我们又说，等我读完大学之后，我会做这做那，我会很快乐；当我们读完大学之后，我们又说，等我找到第一份工作的时候，我会做这做那，我会很快乐；当我们找到第一份工作之后，我们又会说，当我结婚的时候，我会做这做那，我会得到快乐；当我们结婚的时候，我们又会说，当孩子们从学校毕业的时候，我会做这做那，并得到快乐；当孩子们从学校里毕业的时候，我们又说，当我退休的时候，我会做这做那，并得到快乐。**当我们退休的时候，真正步入了**

第十二篇　自制：退一步海阔天空

我们的晚年,我们看到了什么? 我们看到生活已经从我们的眼前走过去了。

什么是时间? 我们在哪里? 对这个问题的回答是:时间是现在,我们在这里。让我们充分利用此时此刻。这句话的意思并不是说我们不需要计划未来,相反,这正意味着我们需要计划未来。如果我们最大限度地利用此时此刻,善用现在,那么我们就是在播种未来的种子,难道不是吗?

生活中最可悲的话语莫过于:"它本来可以这样的""我本来应该""我本来能够""如果当时我……该多好啊",生命是不能开玩笑的,从来就没有虚拟语气的说法。我们之所以会把问题搁置在一旁,最主要的原因就在于我们还没有学会对自己的人生负责任,没有学会珍视时间,这也是我们后来后悔的时候痛苦不堪的原因。

珍惜时间,合理利用时间的人才是会生活的人。时间一去不复返,浪费时间就是白白浪费生命。

 心灵悄悄话

利用短时间,其中有一个诀窍,能帮助你把工作进行得迅速,那就是事前思想上要有所准备,到了工作时间来临的时候,立即把心神集中在工作上。如果能毫不拖延地充分利用极短的时间,就能积少成多地供给你所需要的长时间。

做人——俯首甘为孺子牛

专注你所做的事情

有一次，一个青年苦恼地对昆虫学家法布尔说："我不知疲劳地把自己的全部精力都花在我爱好的事业上，结果却收效甚微。"法布尔赞许说："看来你是一位献身科学的有志青年。"这位青年说："是啊！我爱科学，可我也爱文学，对音乐和美术我也感兴趣，我把时间全都用上了。"法布尔从口袋里掏出一块放大镜说："把你的精力集中到一个焦点上试试，就像这块凸透镜一样！"

你要是做过凸透镜聚焦的实验，一定知道，酷暑的阳光，不足以使火柴自燃；而用凸透镜聚光于一点，即使是冬日的阳光，也能使火柴和纸张燃烧。随着科学的发展，人们又进一步把柔和似水的光汇集一束，这就成了无坚不摧的激光武器。

您看，这一散、一聚，使光的作用和力量发生了多么大的变化！

一个人的精力和时间本来是很有限的，在这种情况下，如果选不准目标，到处乱闯，几年的时间会一晃而过。 如果想取得突破性的进展，就该像打靶一样，迅速瞄准目标；像激光一样，把精力聚于一束。

有人把勤奋比作成功之母，把灵感比作成功之父，认为只有两者结合起来人才才能产生。而专注则是勤奋必不可少的伴侣。专注使人进入忘我的境界，能保证头脑清醒、全神贯注，这正是深入地感受和加工信息的最佳生理和心理状态。法国科学家居里说："当我像嗡嗡作响的陀螺般高速运转时，就自然排除了外界各种因素的干扰。"人，一旦进入专注状态，整个大脑围绕一个兴奋中心活动，一切干扰统统不排自除，除了自己所醉心的事业，生死荣辱，一切皆忘。灵感，这智慧的天使，往往只在此时才肯光顾。没有专注的思维，灵感是很难产生的。怎么才能培养专注的习惯，克服"今天想干这个，明天想干那个"的朝三暮四的毛病呢？

以下三点建议可供借鉴：

1. 不要为别人的某些成功所诱惑

干事业，最忌见异思迁，而造成见异思迁的原因很多，其中一个原因就是为别人的某些成功所动。正确的做法是，认准自己的目标，执着地追求。

2. 不要为一时不出成果所动摇

许多人一心想有所成就，这种心情是可以理解的。但过于急切地盼望成功，则容易走向反面。事实上，干任何事情都有个循序渐进的过程，成功也有个水到渠成的问题。英国作家约翰·克里西开始写作时，收到退稿743篇，但这并没有动摇他的信念和决心，坚持写下去，他终于取得成功，一生中出版了560多本书。如果他看到700多篇退稿而退却下来，也就不可能有后来的成就了。

3. 不要怕艰辛，要舍得吃苦

有些人对爱因斯坦在物理学领域的杰出贡献羡慕不已，却很少琢磨他床下几麻袋的演算草纸；有些人对NBA球员的声誉津津乐道，却很少去想他们每人究竟洒下了多少汗水。因此，千万不要光羡慕别人的成果，要准备下些苦功夫才行。

最后让我们来看一个故事：

他来自一个不知名的小村庄，不知道什么时候怎样来到上海。一天晚上，李先生看见他站在车库后的马路上，他大约有1.75米那么高。

"我为你擦汽车。"他说道。

李先生问他叫什么。"赵兵，"他回答，"我要为你擦汽车。"李先生告诉他雇不起。

"我要为你擦汽车。"他又说了一遍，然后走开了。李先生很不高兴地走进屋里。

李先生不能拒绝一个向他寻求帮助的人，第二天早上出门的时候，李先生看见他的车被擦得非常干净。他向妻子问这到底是怎么回事。

做人——俯首甘为孺子牛

"一个男人做的。"她回答说，"我以为是你雇了他呢。"李先生把赵兵的事情告诉了他的妻子，令他们都觉得很奇怪的是为什么赵兵没有来要工钱。

以后几天里，李先生的工作很忙，把赵兵的事情忘掉了。他准备重建工厂，招收一些老工人。星期五李先生提前下班了，看见赵兵站在车库后面，他朝赵兵打了声招呼。

"我为你擦汽车。"赵兵说道。

李先生付给赵兵每周很少的一点点工资，他每天把工作干得很好。李先生的妻子夸奖他说："不论哪儿需要修理或是搬动物品，他总是主动去干。"

冬天到了，"李先生，很快就要下雪了。"一天晚上赵兵告诉李先生，"冬天来了，请让我在你的工厂铲雪吧。"

李先生对于这个要求没有拒绝，赵兵如愿以偿地进了他的工厂。几个月后，李先生问人事部门赵兵干得怎么样，他们说赵兵是个好人。一天李先生又看见赵兵站在车库后面。"我想当个学徒工。"他说。

李先生有一所很好的职工培训学校，但是他怀疑赵兵是否能看得懂图纸、正确使用千分尺及做些精细的工作。但是不能拒绝赵兵的要求。几个月后李先生得到报告：赵兵已成为一名有技术的磨工了。他和妻子都非常高兴，这是一个令人满意的结果。

两年后，李先生又看见赵兵站在老地方。他们谈到了工作。李先生问他需要什么。

"我想买一所房子。"赵兵找到了一所等待出售的破旧房屋。

李先生给一个银行家朋友打电话："你曾经凭名誉给别人贷过款吗？""没有。"朋友说道，"我可不愿意冒这个险。"

"喂，等一下。"李先生说道，"我在这儿给这个人担保，他有工作，你不会赔的，他会付你本息的。"

最后，赵兵以抵押方式得到 2 万元，他买下了那所房子，自那以后可以看到周围的废弃物如破旧沙发、废金属制品、包装箱等，赵兵都要收集起来拿回家。

大约又过了两年，李先生又看见赵兵站在老地方，他站得似乎很直，也胖了一些，显得很自信。

"李先生，我卖掉了房子！得到了 8 万元。"

赵兵说话时带着自豪的神情。

李先生很吃惊,"你卖掉房子住在哪儿呢?"

"我买了一家小的农用加工厂。"

他们坐下谈了起来。赵兵告诉他拥有一家加工厂是他的梦想。他喜欢西红柿、胡萝卜一类的蔬菜,这符合他老家的口味。他把妻子和孩子接到上海一起住在了工厂里。

一个星期六下午,赵兵穿戴整齐地来找李先生;身后跟着他童年的伙伴。赵兵劝说他来上海生活并为他担保。当他们走近加工厂时,他的伙伴惊讶地说:"赵兵,你成为百万富翁了!"十几年过去了,李先生得到消息说赵兵去世了。他赶紧让职员去他的加工厂看看是否一切安排妥当。职员们看到地里种着绿色的蔬菜;工厂机器正常工作,院子里停着送货的卡车和拖拉机;孩子们受到很好的教育;赵兵不欠任何人的钱。

赵兵死后李先生想了很久。他觉得赵兵在脑海中占有一席之地。赵兵就像一个伟人一样伟大。他以同样的方法、同样的原则取得了成功;观察力、毅力、果断、乐观、自制、自尊,更重要的是专注。

心灵悄悄话

专注使人进入忘我的境界,能保证头脑清醒,全神贯注,这正是深入地感受和加工信息的最佳生理和心理状态。人,一旦进入专注状态,整个大脑围绕一个兴奋中心活动,一切干扰统统不排自除,除了自己所醉心的事业,生死荣辱,一切皆忘。灵感,这智慧的天使,注注只在此时才肯光顾。没有专注的思维,灵感是很难产生的。

用意志征服愤怒

一个人情绪失控最常见的表现便是愤怒。为什么愤怒呢？是因为不满！其实，**愤怒者常因情绪不稳而毁掉自己的事业**。如果不能控制自己的情绪，一个人即使本领再大，也不会做出太大的事业来，因为情绪失控本身就是一个人危机之所在。

有这样一个单身汉，住在用茅草搭起的房子里。他很勤奋，自己耕种，自给自足。渐渐地，油盐酱醋之类的生活必需品越来越齐备了。但是令他十分恼火的是，草房里老鼠成灾，白天乱窜，晚上乱叫，还乱啃东西，终日闹个不休，但他又无计可施。

一天，他喝了很多酒，躺在床上睡觉，这时老鼠们又开始闹上了，似乎有意气他似的。他非常愤怒，也许是酒精起了作用，他一把火把房子烧了个精光。老鼠是全没了，可他的家业也没了。

当我们感到愤怒时，不妨先问问自己："愤怒能解决问题吗？"尽量试着克制自己，找出建设性的方法，而不是意气用事。

生活中，很多人非常容易愤怒、愤恨，因为他们已形成一种习惯，他们已学会了用这些来表达他们的不满，来表明他们的要求，希望达到他们的目的。其实，这对事情的发展毫无益处。

有人说，应该使愤怒自然宣泄出来，这对人的身体有好处。然而，发泄愤怒本身并不合乎自然的法则，愤怒不能使人过得更好，暴怒、发脾气对任何人的生活都没有正面的意义。

人并非天生就会愤怒，而是经由学习而得。因为你曾经偶然生气，结果让你遂了心愿。你便一再地使用它。

儿童时期你会哭，如果没有引起父母注意，你的哭声就会更大。如果仍然没有效果，你就会勃然大怒——踢东西、大哭大闹，甚至用头去撞墙。这一招通常都很有效，父母会满足你的要求。

现在你长大了，你是否仍然用愤怒来驱使别人满足你的要求，使自己心情愉快呢？你的老板没有满足你的要求，你就用头撞墙！

你老是觉得你的"另一半"不再像以前那样爱你了，"我怎样才能使他（她）更爱我？"你的心老是为这个问题在打转。

所以你开始自我折磨，使自己的情绪陷于沮丧的谷底，不停地向全世界提出问题："你要为我做些什么？"并一再为这个问题找寻答案。

这个世界能为你做的事情几乎没有，生命本是一个必须自我完成的过程。这看起来似乎有些不太公平也太残酷了，但这是事实。你可以让自己的内心忍受煎熬，不停地燃烧，但那是于事无补的。因为，愤怒及发脾气，并非是博得他人理解的有效工具。不要让自己养成失去控制以赢得他们对你认同的习惯，这样只能越弄越糟。

当然并不是说你不可以愤怒，你完全可以生气，关键在于你如何通过意志控制自己发怒，以及它会如何影响你与他人的关系。

我们每一个人都必须学习以自己的方式，处理自己的愤怒。以有效的方法，控制愤怒、控制仇视的心理或罪恶的心理，如此才能使你的人生过得更美好，而不至于挫败。

心灵悄悄话

这个世界能为你做的事情几乎没有，生命本是一个必须自我完成的过程。这看起来似乎有些不太公平也太残酷了，愤怒及发脾气，并非是博得他人理解的有效工具。不要让自己养成失去控制以赢得他们对你认同的习惯，这样只能越弄越糟。

做人——俯首甘为孺子牛